计算机视觉与PyTorch项目实战

基于深度学习框架的端到端产品级模型设计与开发

[印] 阿克谢·库尔卡尼（Akshay Kulkarni）
阿达沙·希瓦南达（Adarsha Shivananda）
尼廷·奈杰·夏尔马（Nitin Ranjan Sharma） /著 欧拉/译

清華大學出版社

北京

内 容 简 介

本书使用 PyTorch 框架来讨论计算机视觉算法及其应用。首先介绍计算机视觉基础，主题涉及卷积神经网络、ResNet、YOLO、数据增强和业内使用的其他常规技术。随后简要概述 PyTorch 库。接下来探究图像分类问题、对象检测技术以及如何在训练和运行推理的同时实现迁移学习。最后通过一个完整的建模过程来阐述深度学习框架 PyTorch 是如何运用优化技巧和模型 AI 可解释性的。

本书适合具有一定基础的中高级读者阅读和参考，可以帮助他们使用迁移学习和 PyTorch 来搭建产品级的计算机视觉模型。

图书在版编目(CIP)数据

计算机视觉与PyTorch项目实战：基于深度学习框架的端到端产品级模型设计与开发 / (印) 阿克谢・库尔卡尼(Akshay Kulkarni) , (印) 阿达沙・希瓦南达(Adarsha Shivananda) , (印) 尼廷・奈杰・夏尔马 (Nitin Ranjan Sharma) 著；欧拉译. —北京：清华大学出版社，2024.3

ISBN 978-7-302-65742-2

Ⅰ. ①计…　Ⅱ. ①阿… ②阿… ③尼… ④欧…　Ⅲ. ①计算机视觉　Ⅳ. ①TP302.7

中国国家版本馆CIP数据核字(2024)第052878号

责任编辑：文开琪
封面设计：李　坤
责任校对：方　媛
责任印制：杨　艳
出版发行：清华大学出版社
　网　　址：https://www.tup.com.cn, https://www.wqxuetang.com
　地　　址：北京清华大学学研大厦A座　　邮　　编：100084
　社 总 机：010-83470000　　邮　　购：010-62786544
　投稿与读者服务：010-62776969, c-service@tup.tsinghua.edu.cn
　质量反馈：010-62772015, zhiliang@tup.tsinghua.edu.cn
印 装 者：天津鑫丰华印务有限公司
经　　销：全国新华书店
开　　本：178mm×230mm　　印　　张：14.75　　字　　数：317千字
版　　次：2024年4月第1版　　印　　次：2024年4月第1次印刷
定　　价：99.00元

产品编号：102439-01

前　言

在计算机视觉领域，有很多方法更为流行，比如本书介绍的 PyTorch 框架。为了充分利用深度学习，很多研究人员、开发人员和初学者往往都会首选这个框架。

本书要介绍一些计算机视觉问题及其解决方案，同时结合 PyTorch 实现的代码来介绍一些较为关键的挑战(尤其适用于 Python 初中级用户)。此外，本书还要介绍用于解决业务问题的各种方法。

针对书中介绍的重要概念，我们还要提供相关的生产级别的代码，旨在帮助大家快速入门。这些代码可以在本机或者云端运行，与有没有 GPU(图形处理单元)无关。

在本书中，我们要分阶段介绍图像处理的概念。首先，介绍计算机视觉的基本概念。然后再深入研究深度学习领域，解释如何为视觉相关任务开发模型。随后，我们要帮助大家快速了解 PyTorch，为理解本书后面介绍的商业挑战实例奠定基础。同时，我们还要探讨具有革命性意义的卷积神经网络以及 VGG、ResNet、YOLO、Inception、R-CNN 和其他许多架构。

接下来深入探讨与图像分类、目标检测和分割相关的业务问题以及在许多行业中广泛使用的超分辨率和生成对抗网络(GAN)架构等概念。大家可以从中学习和掌握图像相似度和姿态估计等主题(它们对解决无监督学习问题非常有帮助)。另外，书中还涉及视频分析相关话题，旨在帮助大家学会使用图像和基于时间的帧等概念来考虑问题。最后，讨论如何向业务合作伙伴解释这些深度学习模型。

本书力求为研究计算机视觉业务问题的读者提供一整套产品级解决方案。

关于著译者

阿克谢·库尔卡尼(Akshay Kulkarni)，AI与机器学习(ML)布道师和思想领袖，为财富500强提供咨询服务，帮助客户推动AI和数字化战略转型。作为谷歌开发者，他经常受邀在机器学习和数据科学大会(包括Strata、O'Reilly、AI Conf和GIDS)发表演讲。他还是印度多个顶级研究生院的客座教授。2019年，他入选“印度40位40岁以下数据科学家”名单。业余时间，他喜欢阅读、写作、写代码以及为有抱负的数据科学工程师提供帮助。目前，他和自己的家人居住在印度班加罗尔。

阿达沙·希瓦南达(Adarsha Shivananda)，数据科学和MLOps先行者，致力于创建世界级的MLOps能力以确保人工智能可以持续交付价值。他的使命是在组织内部和外部建立一个数据科学家人才库，通过培训来解决问题，他在这方面一直保持领先地位。他先后就职于制药、保健、包装消费、零售和营销领域。目前，他居住在印度班加罗尔，喜欢阅读和数据科学培训。

尼廷·奈杰·夏尔马(Nitin Ranjan Sharma)，诺华制药产品经理，主要带领团队使用多模型技术来开发产品，此外也为财富500强公司提供咨询服务，使用机器学习和深度学习框架来帮助他们解决复杂的业务问题。他主要关注的领域和核心专长是计算机视觉，比如解决图像和视频数据的业务难题。在加入诺华制药之前，他的身份是Publicis Sapient、EY和TekSystems Global Services数据科学团队成员。他经常受邀在数据科学大会上发表演讲并喜欢培训和指导数据科学爱好者开展工作。此外，他还是一名非常活跃的开源贡献者。

欧拉，奉行知行合一，擅长于问题的引导和拆解。目前感兴趣的方向有机器学习、人工智能和商业分析。

关于技术审阅者

贾莱姆·拉吉·罗希特 (Jalem Raj Rohit)，Episource 公司的高级数据科学家，全面领导计算机视觉工作。他参与创办了 Pydata 德里和 Pydata 孟买等机器学习社群并以组织者和嘉宾的身份举办和参加了很多小型聚会与大型会议大会。

他写了两本书，录制了视频课程 (Julia 语言和无服务器项目)。他的兴趣领域包括计算机视觉、MLOps 和分布式系统。

简明目录

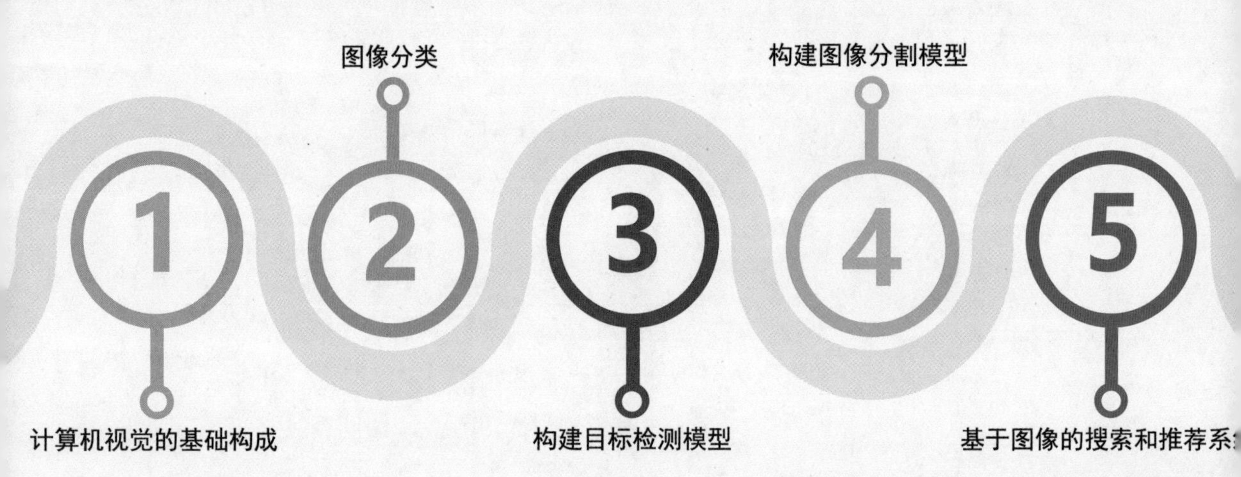

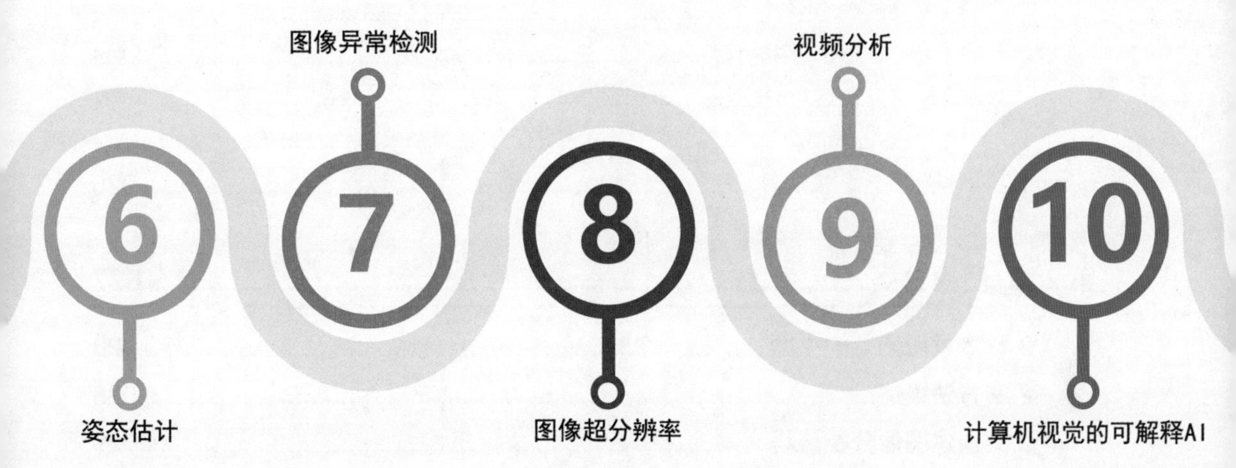
图像异常检测
视频分析
6
7
8
9
10
姿态估计
图像超分辨率
计算机视觉的可解释AI

详细目录

第 1 章

计算机视觉的基本构成

数百年来，人类一直是整个自然进化的组成部分。根据弗林效应 (Flynn Effect)，相比 20 世纪出生的人，我们现在的智商更高。智力使我们能够学习、决策并根据自己的认知水平做出新的决策。我们用智商来量化人类的智力，那么机器呢？机器也是进化过程的组成部分。我们如何将注意力转移到机器并使其变得像我们现在所知那样聪明呢？让我们快速回顾一下这段历史。

一个突破性的进步出现在 20 世纪 40 年代，那时，可编程的数字计算机问世了。随后，图灵测试的概念诞生，它可以用来测试机器的智能。感知机 (perceptron)[①] 的概念可以追溯到 1957 年，当时它被介绍为一个强大的逻辑单元，能学习和预测。感知机类似于帮助人体运作的生物神经元。20 世纪 70 年代，人工智能开始快速发展，从那时起，一直呈指数级增长。

人工智能是机器所展现的智能，尤其是在机器被训练来理解和处理历史事件时，这种智能的表现尤为明显。人类一生都在接受训练和调节。例如，我们知道，太靠近火源会被烧伤，会让我们感到疼痛，皮肤也会受伤。同样，计算机系统可以被训练出这样的能力：根据特征或历史证据来辨识火与水。机器复制了人类的智能，从而产生了我们所知的人工智能。

---

① 译注：感知机的概念由弗兰克·罗森布拉特提出。感知机会接收多个信号，最后输出一个信号。每个输入信号分别乘以其固定的权重 w，然后下一层神经元对传送信号进行求和，一旦该总和超过阈值 (用 θ 表示)，则输出 1(True)，否则输出 0(False)。

人工智能包括机器学习和深度学习。机器学习可以视作数学模型，它借助于算法从数据/历史事件中学习进而制定决策。机器学习数据的模式，使算法能够创建一个自我维持的系统。然而，在处理大规模复杂数据等情况下，它的性能可能会受到限制，这是深度学习的“用武之地”。深度学习是人工智能的另一个子集。它使用感知的概念，将其扩展到神经网络，并帮助算法从各种复杂数据中学习。即使有很多建模技术可供使用，但最好还是从最简单的技术中找到好的、可解释的结果，正如奥卡姆剃刀原理 (最简单的答案往往是最好的) 所说的那样。

初步了解一些历史之后，来浏览一下人工智能的适用场景。有两个场景——自然语言处理 (natural language processing，NLP) 和计算机视觉 (computer vision，CV) 广泛应用深度学习来帮助解决问题。NLP 主要处理由我们的语言所定义的问题，而语言正是最重要的交流方式之一。另一方面，CV 解决的是与视觉有关的问题。世界上充满了人类可以通过感官来解码的数据。这包括眼睛看到的影像、鼻子嗅到的气味、耳朵听到的声音、舌头尝到的味道以及皮肤感受到的触感。① 利用这些感官输入，我们大脑中相互连接的神经元对信息进行解析和处理，以决定如何反应。计算机视觉面向的正是机器学习问题中与视觉相关的分支领域。

本书将带领大家了解计算机视觉的基础知识并掌握计算机视觉的实际应用。

1.1 什么是计算机视觉

计算机视觉处理依赖于图像和视频的特定问题集。它试图解析图像/视频中的信息，以做出有意义的决策。就像人类解析一幅图像或一系列按顺序排列的图像并对其做出决策一样，计算机视觉帮助机器解释和理解视觉数据。这包括目标检测 (object detection)、图像分类、图像复原 (image restoration)、场景到文本的生成 (scene-to-text generation)、超分辨率 (super-resolution)、视频分析和图像跟踪。这些问题中的每一个都有其重要性。在并行计算开始发挥其强大的能力之后，引发了人们对视觉相关问题的研究的普遍关注。

1.1.1 应用

计算机视觉的应用因所讨论的行业而异。下面几节将探讨其中的一些任务。

① 译注：感官泛指能接受外界刺激的特化器官和分布在部分身体表面的感觉神经，我们对周围环境的认知来自于五感：听觉、视觉、味觉、嗅觉和触觉。

1.1.1.1 分类

分类 (classification) 是涉及决策过程的图像问题中最简单的，它是一种监督式技术。分类仅涉及为不同的图像分配类别。这个过程可以很简单，比如一个图像中只有一个类别，也可以很复杂，比如一个图像中存在多个类别，参见图 1-1 和图 1-2。

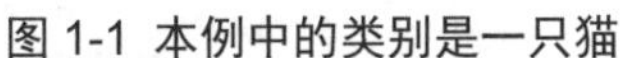

图 1-1 本例中的类别是一只猫

图 1-2 本例中的类别是一只狗

我们可以根据图像中是否有猫或狗来区分这些图像的内容。这是我们的眼睛如何感知差异的一个例子。背景并不重要，所以我们需要确保它在算法中也不重要。举例来说，如果我们在所有狗的图像前面加入某个汽车公司的标志，那么图像分类器网络可能会根据这个标志来学习对狗的分类，并把它用作一种捷径。在后文中，我们将详细讲解如何将这些信息纳入模型中。分类可以用来识别生产线上的零部件产品。

1.1.1.2 目标检测和定位

一个经常遇到的有趣问题是，需要在一个图像中定位另一个特定图像，甚至还需要检测出后者可能是什么。假设有一群人，有些人戴着口罩，有些人没有戴。我们可以利用视觉算法学习口罩的特征，然后利用这些信息来定位图像中的口罩，进而检测到口罩，参见图 1-3 和图 1-4。

这种分析在检测来自交通摄像头中移动车辆的车牌时很有帮助。有时，由于摄像头的分辨率和车流的移动，图像质量不是很好。在这种情况下，有时会使用超分辨率 (super-resolution) 这种技术来提高图像的质量，帮助识别车牌上的数字。

图 1-3 类别：未检测到口罩

图 1-4 类别：检测到口罩

1.1.1.3 图像分割

这个过程用来确定放在一起的类似目标的边缘、曲线和坡度，以区分图像中的不同目标。这里可以使用经典的无监督技术，无需费心去找质量高的、带有标签的数据。处理后的数据可以进一步被用作目标检测器的输入，参见图 1-5。

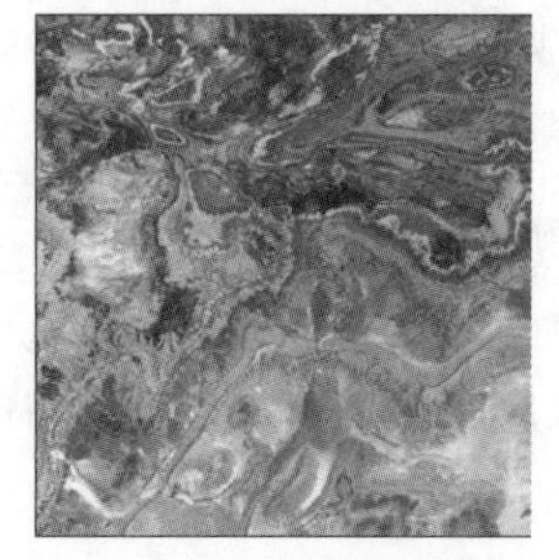

图 1-5 在地形图中分离出地形

1.1.1.4 异常情况检测

确定变化的另一种经典的无监督方法是将图像与一些训练数据中常见的、预期的模式进行对比。举例来说，异常检测可以通过比较训练数据来检查钢管是否为残次品。如果机器发现了一些不寻常的东西，它会检测到一个异常，并通知生产线的工程师来处理，参见图 1-6a 和图 1-6b。

图 1-6a 完美状态的钢管

图 1-6b 钢管上出现的异常情况

1.1.1.5 视频分析

视频或图像序列有很多应用场景。对动态图像进行目标检测可以帮助处理闭路电视监控录像。此外，它也可以用于检测每段视频内帧的异常情况。

我们将在接下来的章节中详细介绍所有这些应用。在此之前，让我们先了解一些核心概念，为进一步理解计算机视觉奠定基础。

1.1.2 通道

对于计算机视觉，“通道”是最基本也最关键的概念之一。想象一下多种乐器合奏而成的音乐，我们听到的是所有乐器一起演奏的组合，这就构成了立体声 (参见图 1-7)。如果将音乐分解成单个组成部分，我们可以将声波分解为电吉他、原声吉他、钢琴和人声等独立的声音。将音乐分解为各个组成部分后，我们可以调整每个部分以得到我们想要的音乐。如果掌握了所有音乐的调制[①]，那么可能的组合将是无限的。

图 1-7 正在演出的乐队

我们可以将这些概念推导到图像上，将其分解为颜色的各个组成部分。像素是颜色的最小存储单位。如果我们放大观察任何数字图像，会看到许多小方块——即构成了图像的像素。像素在通道强度上的常规范围是 0 到 255，这个范围是由 8 个数位定义的。请看图 1-8b，我们有一个白色的页面。如果将该页面转换为数组，就会得到一个全部由强度为 255 的像素组成的矩阵，如图 1-8a 所示。另一方面，如图 1-8d 所示的草图样本，转化为矩阵后也只会有一个通道，强度由 0 到 255 范围内的数值定义，如图 1-8c 所示。更接近 0 代表黑色，更接近 255 代表白色。

① 译注：在音乐创作中，modulation 即“调情”(又称“转调”)，改变音乐的调性或情感色彩。有时可解释为转调 (改变音乐的音高)，以便在不同的部分或节奏中创造变化和情感上的冲突。调制还可以应用于声音效果，如合唱效果或声音的宽度，以此来增强音乐的表现力和吸引力。——音乐制作人刘博元

255	255	255	255
255	255	255	255
255	255	255	255
255	255	255	255

图 1-8a 对应于白色图像的像素值

图 1-8b 白色页面

2	36	40	200
195	190	20	180
40	54	200	200
30	40	200	180

图 1-8c 对应于草图的代表性像素值

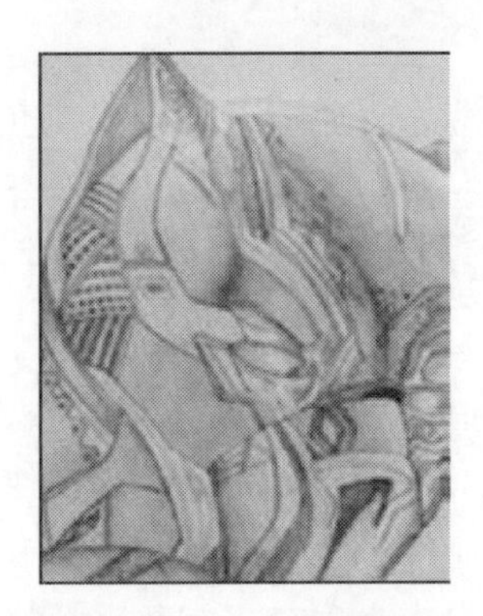

图 1-8d 在一个通道中表示草图

再来考虑一张彩色图像。我们可以将任何全彩图像分解为三个主要组成部分 (通道)——红色、绿色和蓝色。我们可以将任何彩色图像分解为红色、绿色和蓝色的一些特定组合。因此，RGB(红色、绿色和蓝色) 就是彩色图像的通道。

图 1-9 中的图像可以分解为 RGB，第一个通道是蓝色，然后是绿色，最后是红色。图像中的每个像素都可以是 RGB 的某种组合。

除了 RGB 作为颜色通道，还有其他一些图像通道，比如 HSV(色相、饱和度和亮度)、LAB 格式和 CMYK(青色、品红、黄色和黑色)。颜色是一种特征，它的容器就是通道。每张图像都由边缘和梯度构成。我们可以只用边缘和梯度来创建出世界上的任何图像。如果放大观察一个小圆，它看起来应该像是多个边缘和直线的组合。

总而言之，通道可以被视为特征的容器。这些特征可以是图像中最小的个体特征。颜色通道是通道的一个具体例子。由于边缘可以是特征，因此可以存在专门用来表示或处理边缘特征的通道。这给我们留下了一个思考——如果要创建一个能够识别猫或狗的模型，那么动物的颜色是否会像边缘和梯度那样影响模型的行为呢？

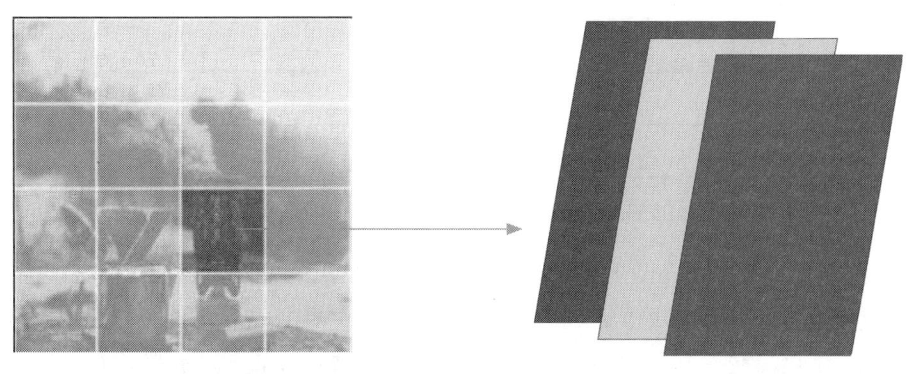

图 1-9 样本图像被分解为蓝色（左）= 0，绿色（中）= 1，红色（右）= 2

1.1.3 卷积神经网络

现在，你明白了图像中是有特征的，并且需要提取这些特征来更好地理解数据。假设有一个像素矩阵，像素在四个方向上都是相关联的。那么，如何有效地进行特征提取呢？传统的机器学习或深度学习方法是否可以帮助我们呢？让我们来看几个问题。

1. 图像的尺寸可能非常大。假设有一张 2 MP(百万像素)的图像，如果允许捕获 1600×1200 的图像，那么每张图像将有 190 万个像素。

2. 如果我们通过图像来捕捉数据，数据并不总是在图像中心的。例如，在一张图像中，一只猫可能在角落，而在下一张图像中，它可能在中心。模型需要能够捕捉到信息中的空间变化。

3. 图像中的猫可能会沿着垂直或水平维度旋转，但无论如何旋转，都仍然是猫。因此，我们需要一个强大的解决方案来采集这种差异。

我们需要对常规的表格数据处理方法进行重大升级。如果我们能将问题分解为更小、更易于管理的部分，那么任何问题都可以得到解决。在这里，我们将使用卷积神经网络。我们将通过卷积核 (convolution kernel，滤波器) 将图像分解为多个特征图，并依次使用这些特征图 (feature map) 来构建一个模型，这个模型可以用于执行任何下游任务或预处理任务。

卷积核用于特征提取。特征可以是边缘、梯度、模式或本章前面讨论过的任何一种小的特征。通常，我们会使用一个矩阵在图像上进行卷积操作，这是处理的第一步；从第二步开始，这个矩阵会在特征图上进行操作。由卷积核执行的卷积任务可以认为是点积中最简单的任务，参见图 1-10a 和图 1-10b。

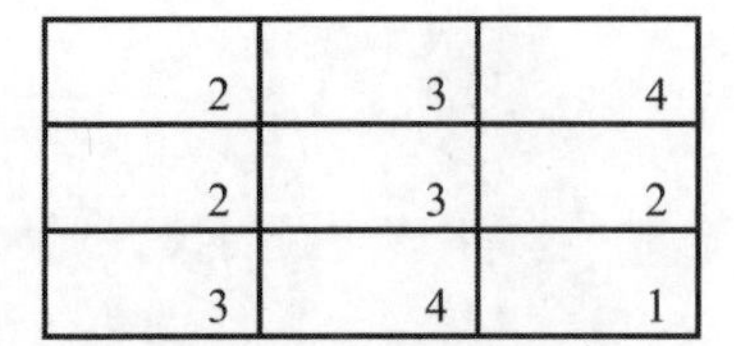

2	3	4
2	3	2
3	4	1

图 1-10a 3×3 矩阵的特征图

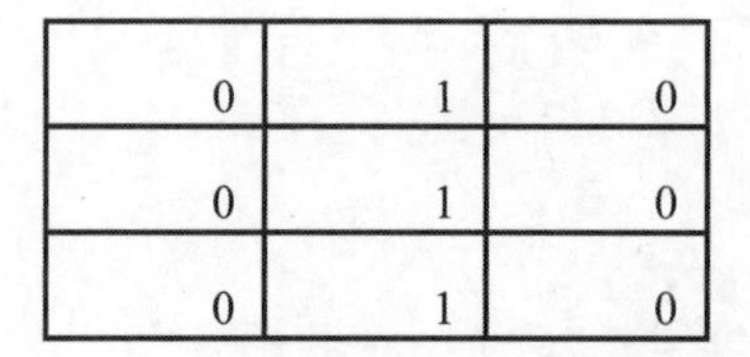

0	1	0
0	1	0
0	1	0

图 1-10b 3×3 卷积核

图 1-10a 是图像或特征图，图 1-10b 是卷积核。卷积核用于提取特征，因此它将在特征图上执行点积运算，得到 10 的值。这就是卷积的第一步。图像或特征图可能比较大，因此卷积核可能不仅仅在一个 3×3 的矩阵上操作，而是需要向前滑动一定的步长以计算下一个卷积操作。现在，让我们来看这个概念的一个扩展示例。

如图 1-11 所示，一个 5×5 的特征图被一个 3×3 卷积核卷积后，得到了一个 3×3 的特征图。该图将再次被卷积或转换为一些特征，用于执行后续任务。

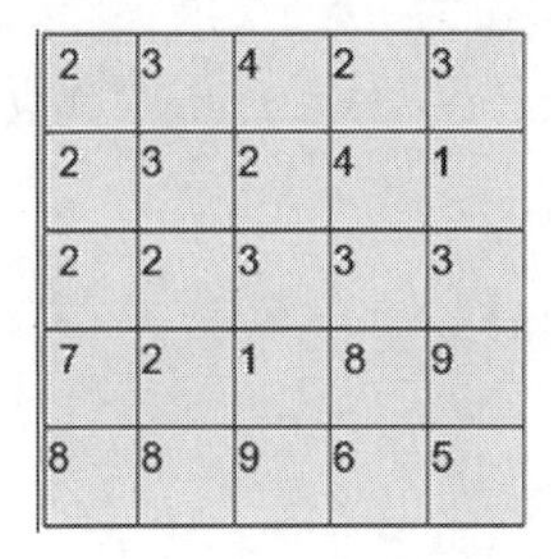

2	3	4	2	3
2	3	2	4	1
2	2	3	3	3
7	2	1	8	9
8	8	9	6	5

0	1	0
0	1	0
0	1	0

8	9	9
7	6	15
12	13	17

图 1-11 特征图、卷积核和结果输出

卷积过程中也有一个名为“步长”(stride) 的概念，它是一个超参数，用于指示卷积核如何在特征图上移动。在卷积神经网络中，我们的步长为 1。步长大于 1 可能会在特征图中引起棋盘效应，使得一些像素可以比另一些像素获得更多关注。根据业务需求，我们可能 (也可能不) 想要这种效果。较大的步长值也可以用来降低特征图的大小。

然而，这种卷积存在一个固有的问题。当卷积发生时，维度会不断地缩小。这在某些意义上或某些特定的用例中是可取的，但在一些用例中，我们可能希望保留原始维度。我们可以在图像或后续的特征图上利用填充 (padding) 的概念来避免降维的问题。填充也是一个超参数。我们可以通过在图像或特征图周围添加层来增加维度。

如图 1-12a 所示，填充扩大了空间并让卷积核更好地处理边缘像素值。卷积过程将多次经过边缘值，因此信息被更有效地传递到下一个特征图。在边缘具有像素值的情况下，无论步长值是多少，卷积核的卷积都只取一次值。

简单的填充如何改变卷积核对边缘的识别呢？这一点真的非常有趣。假设特征图的角落附近有一个重要的边缘，如果我们不对它进行填充，边缘就无法被检测到。这是因为，为了检测一条线或一个边缘，卷积核或者特征提取器需要找到类似的模式。就像图 1-12b 中的卷积核 (它是一个边缘检测器)，它需要找到适当的梯度才能检测到实际的边缘。正因为有了从 0 到 4、0 到 5 和 0 到 5 的梯度，所以它现在才能检测到边缘。如果没有填充，这个梯度就不存在，卷积核就会漏掉一个重要的部分。

0	3	1
0	3	0
0	4	0

图 1-12a　边缘检测器

0	0	0	0	0
0	4	1	4	0
0	5	1	2	0
0	5	1	1	0
0	0	0	0	0

图 1-12b　一个由 0 填充的特征图

1.1.3.1　感受野

在研究卷积的概念时，我们提到特征图和卷积核的步长。卷积核在空间中提取特征，这样模型就能更方便地解释信息。现在，我们将以一个 56×56 的图像为例 (也可以为 56×56×1)。如果我们试图将整个图像转换为特征，就需要阅读所有的像素。让我们通过一个图形示例来理解这个概念。

如图 1-13 所示，一个普通的 5×5 特征图被另一个 3×3 卷积进行卷积操作，得到一个 3×3 的特征图，这里假设没有填充，步长为 1。在这个步骤中，信息从特征图的第一个区块传递到了下一个区块。这意味着，在图 1-13 中，只有图 1-13 中左上角突出显示的像素信息包含在 3×3 特征图中最左边的像素值中。这引发了一个问题，因为如果我们只有一层且有一个 3×3 卷积核，那么在那一层中，一个像素将有一个 3×3 的感受野。有趣的是，在接下来的一层中，如果我们再次使用步长为 1 且无填充的 3×3 卷积核，那么对于图 1-13，感受野仍然是 3×3，但这个 3×3 的感受野其实是“看到”了整个图像。因此，它包含的是原始图像的所有信息。这就是所谓的局部感受野和全局感受野。

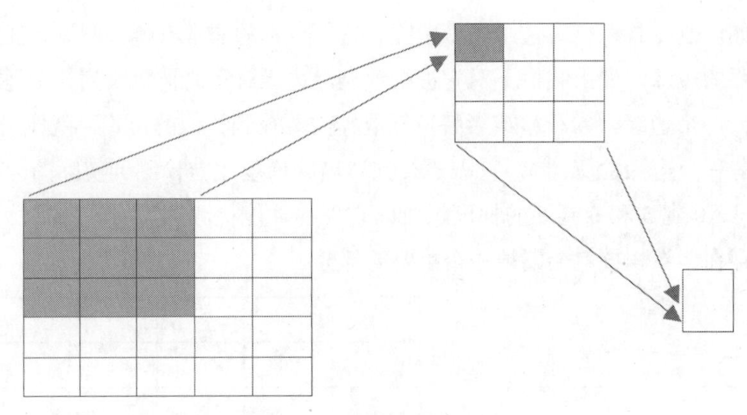

图 1-13 卷积操作的图示

1.1.3.2 局部感受野

局部感受野是卷积核在每一步操作中通过卷积传递的逐层信息强度。在图 1-13 中给出的例子里，我们使用了一个 3×3(9 个像素) 卷积核。局部感受野的大小取决于每一步的操作，而不是整个卷积过程。

1.1.3.3 全局感受野

全局感受野是被传递到模型最后一层的累积信息。通常，为了简单起见，我们希望最终能将图像的信息简化为一个单独的值。假设我们要预测猫或狗，那么相比最后得到一个矩阵，得到一个值更容易。最后的值 $(1\times1\times n)$ 或者说像素，理想情况下应该包含初始图像所有像素的信息，这样才能完美地解读信息。

在图 1-13 的例子中，图像首先被 3×3 卷积核执行卷积操作，然后再被另一个 3×3 卷积核执行卷积，最后得到 1×1 的结果。这个 1×1 的像素能看到卷积操作后的 3×3 的图像，而这个 3×3 的图像又能看到原始的 5×5 的图像。这个过程就像接力棒的传递，卷积核在其中扮演了帮助者的角色。这里的全局感受野是 5×5。

1.1.3.4 池化

卷积神经网络 (CNN) 的一个初步优势是它可以并行工作。如果使用全连接层，即便图像尺寸小至 5×5×1，它也需要处理一个包含 25 个维度的输入向量。尽管 CNN 通过处理空间域解决了这个问题，但高维性仍可能导致 CNN 架构有大量的参数。池化操作 (pooling) 试图通过降维技术和信息过滤来解决这个问题。

在 CNN 中仅使用卷积层存在一个固有的问题。卷积核可以捕获空间特征，但输入特征图的微小改变会在输出特征图中产生较大的影响。为了避免这个挑战，我们可以使用池化操作。根据正在进行的下游任务，我们可以选择最大池化 (max pooling)、平均池化 (average pooling) 或全局平均池化 (global average pooling)。

可以将池化操作理解为类似于卷积层应用于特征图的方式。然而，不同于卷积，池化操作是计算区域内所有值的平均值或最大值。可以将其视为一种函数。在池化部分，没有需要学习的参数。这只是在空间上进行简单明了的降维。建议在大于 10×10 的高维特征图上使用 2×2 的池化操作，因为在这个级别的 CNN 中，信息的集中度会非常高，通过池化操作过快降低它的维度可能会导致大量信息的丢失。

1.1.3.5 最大池化

特征图包含空间分布的图像信息。如果我们面临的下游任务只需关注图像的边缘，则可以尝试最大化这些边缘信息，这样后续的特征图就能聚焦于已过滤的信息。当选择最大池化时，显著的特征会被过滤并传递到下一层。当步长在查看像素的延伸范围时，它会选择值最高的一个，这就是“最大池化”这个名称的由来。

图 1-14 在左侧展示了一个特征图，我们尝试用步长为 2 进行最大池化操作。结果特征图从 4×4 缩小到了 2×2，只有显著的特征得以传递到下一层。换句话说，如果图像或特征图中存在边缘或梯度，那么这些特征会优先于其他任何特征。

12	2	4	3
3	2	4	5
5	3	2	3
9	1	2	3

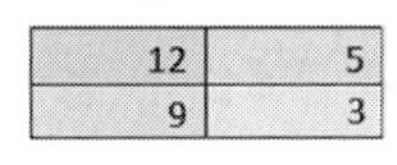

12	5
9	3

图 1-14　最大池化示例

在分类这样的任务中，我们通常会采用最大池化，因为我们需要跟踪重要的边缘和梯度，而不希望其他无关的特征干扰结构。一个有趣的事实是，在大多数分类任务中，颜色并不起重要作用。比如，猫可以是任何颜色，模型需要不考虑颜色就能理解它是一只猫。

1.1.3.6 平均池化

我们已经了解了池化这个基本概念。它为我们提供了一个过滤过程，不需要增加任何可学习的参数。对于一个 2×2 的平均池化和 2×2 的步长，滤波器会一次处理一个 2×2 的区块，计算整个区域的平均值。然后，这个平均值会传递到特征图的下一部分。

一般不建议在分类任务中使用平均池化。然而，当图像较暗而你想提取黑白过渡时，还是可以使用的。

图 1-15 显示了一个特征图通过 2×2 的区块被池化，步长为 2。被池化区域的平均值通过每个 2×2 的区块反映出来，每个 2×2 的块从左边的特征图映射到右边的一个像素上。

12	2	4	3
3	3	4	5
5	3	2	5
9	3	2	3

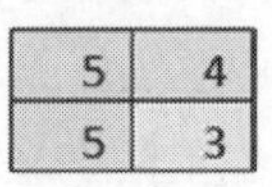

5	4
5	3

图 1-15 平均池化示例

1.1.3.7 全局平均池化

全局平均池化有时在 CNN 架构的末端用来将特征图汇总为一个值。假设得到了一个 5×5 的特征图，它在 z 方向 (假设 x 和 y 分别代表特征图的高度和宽度) 上有一些深度 (通道)。可以将这些值展平，然后使用一个全连接网络将这些相似的特征进行映射，以此来得到一个模型。这是一个可行的选择，但是，考虑到 5×5 的情况，我们将 25 个特征传到全连接网络，这会使用大量的参数。另外，还可以在此步骤之后使用全局平均池化层，并将其减小到 1×1，这本质上是在管理所有重要的特征并进行整合。因为不使用全连接网络而节省下来的模型参数可以用来增加卷积层，因而可能会提高模型的准确率。

图 1-16a 显示了一个维度为 4×4 的特征图。池化后，就只剩下一个值，如图 1-16b 所示。无论在哪种情况下，我们都会有一个深度，该深度根据相应的池化和特征图而有不同的值。

12	2	4	3
3	5	4	7
5	5	4	5
11	5	2	3

图 1-16a 示例特征图

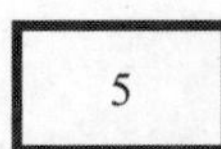

图 1-16b 全局平均池化后得到的结果

1.1.3.8 计算：特征图和感受野

计算是很重要的。我们会用它来构建我们的模型和进行各种实验。输出特征图的维度依赖于多个因素，例如步长、卷积核大小、池化、填充、输入和输出。现在，我们将深入了解每个因素。

- 卷积核

卷积核 (即卷积模板) 是从特征图或图像中提取特征的工具。它在神经网络的第一次前向传播中被初始化，但在网络学习过程中，通过反向传播算法，卷积核的权重会根据损失函数的梯度进行调整，使其能更好地提取特征。随着训练的进行，权重会提高。这可能意味着卷积核提取的特征对优化损失函数有重要的作用，因此会调整这些特征对应的权重。我们用 K 来表示卷积核的维度。

- 步长

卷积核在特征图上移动的距离称为“步长”，我们用 S 来表示它的值。

- 池化

在常规的卷积神经网络架构中，池化不进行卷积，而是试图从空间特征图中采集某种信息，并迅速减少下一步特征图的维度。我们用 mp 来表示这个概念。

- 填充

填充使得我们在卷积过程结束后可以保持维度不变。我们用 P 表示它。

- 输入和输出

我们将输入和输出表示为它们原来的意思，这里的输入指的是第一步的特征图，输出则指生成的特征图。

开始为图像构建网络架构的第一步是确定图像的大小，并确定我们想要构建的网络深度，使得最后一层或输出的感受野大小等于图像的大小。换句话说，网络应该能够全面观察到图像中的所有内容，以便对图像进行分析。假设有一个大小为 56×56×3 的图像，那么我们可以使用的卷积核可以是 3×3×3×16。这意味着 3×3 的卷积核有三组不同的初始化权重，与输入或前一层的通道数相匹配。这是因为卷积核需要了解如何混合需要在网络中提取和使用的特征。因此，我们得到公式：

$$H \times W \times C > K \times K \times C \times C_{\text{next}}$$

其中，H、W、C 分别代表输入图像 / 特征图的高度、宽度和通道数。

K 代表卷积核的大小，C_{next} 代表下一层的通道数或批的大小[①]。当使用 CUDA 进行 CNN 的训练时，我们需要确保卷积核的数量等于 2^n 的某个数。例如，如果我们选择 17 作为卷积核的数量，那么它仍然会使用 32 而不是最接近的 2^n，即 16。

在明确所有的值和概念后，我们就可以计算特征图的输出结果了：

$$Output=\frac{[Input+2P-K]}{S}+1$$

已知：$Input=12\times12$，$P=0$，$K=3\times3$，$S=1$

$$Output=\frac{[12+2*0-3]}{1}+1$$

$$Output=10 \text{ 或 } 10\times10$$

- 感受野的计算

在第 n 层，感受野的计算将由一个公式给出，如下所示：

$$Receptive\ Field=\sum_{i=1}^{n}\left(\left(K_i-1\right)\prod_{j=0}^{i-1}S_j\right)+1$$

假设我们正在计算第二层的感受野，那么 K_1，$K_2=3$。在两种情况下，卷积核的步长都为 1，因此感受野的结果为 5。

1.1.4 了解 CNN 架构类型

我们先来理解架构的类型。

1.1.4.1 AlexNet

ILSVRC(ImageNet 大规模视觉识别挑战赛) 是一个致力于计算机视觉研究的竞赛，它使用著名的 ImageNet 数据集来评估模型和领域内的研究。AlexNet 是 2012 年的冠军，2010 年和 2012 年，其识别率遥遥领先于第 2 名。该网络对应的论文阐明了卷积网络的使用及其基本的构建模块。

① 译注：原文为 batch size，指的是一次训练所选取的样本数，也称为 " 批次大小 “，其大小会影响到模型的优化程度和速度，同时还直接影响到 GPU 内存的使用情况。

图 1-17 描绘了 AlexNet 中使用的大致架构。输入图像的大小是 224×224×3，通过一个步长为 4 的 11×11×3×96 卷积，得到的大小为 55×55×96 的输出。接着，使用 3×3 的滤波器和步长 2 进行最大池化。前两个卷积层使用了局部响应归一化 (LRN) 和池化。接下来的三层只使用卷积和激活函数，随后两层是全连接网络。最后，得分被传递到 softmax 中对 1 000 个类进行分类。

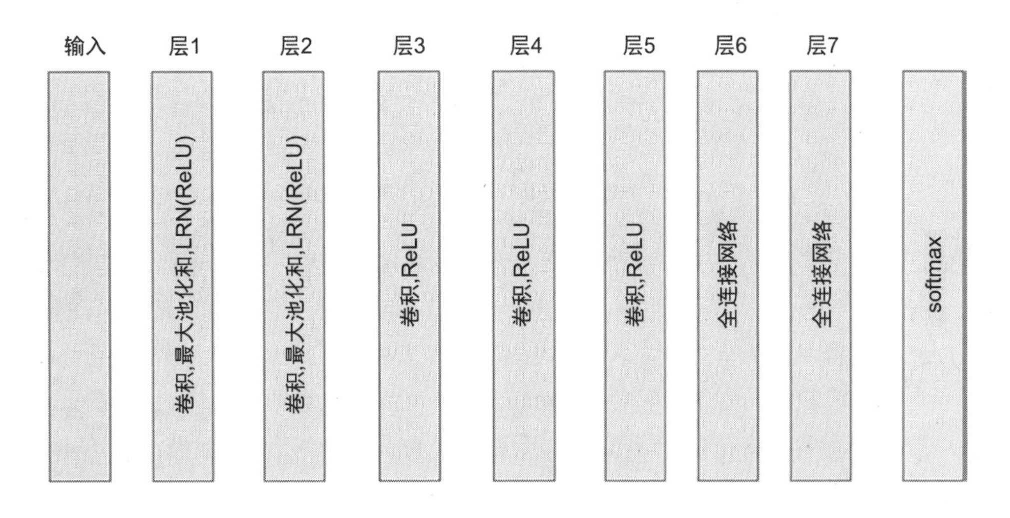

图 1-17 AlexNet 的架构

在这个模型架构中，最有趣的发明是局部响应归一化 (local response normalization, LRN)。当时，sigmoid 和 tanh 通常用作激活函数，但 AlexNet 选择了 ReLU 激活函数。sigmoid 和 tanh 在极值处容易饱和，因此，数据必须被中心化和归一化，才能在反向传播过程中得到任何梯度。局部响应归一化可以视为一种亮度归一化 (brightness normalizer)，其后紧跟 ReLU 激活函数。

AlexNet 使用多个 GPU 并行训练，以提高准确率。网络中有两部分是并行的，它们在某些部分交汇。

1.1.4.2 VGG

图 1-18 展示了一个包含 ReLU 激活函数的卷积块，包括 Conv1，Conv2，Conv3，Conv4 和 Conv5。每个卷积块后面都跟随一个最大池化层，然后是 FC6，FC7 和 FC8，这是一个全连接网络。

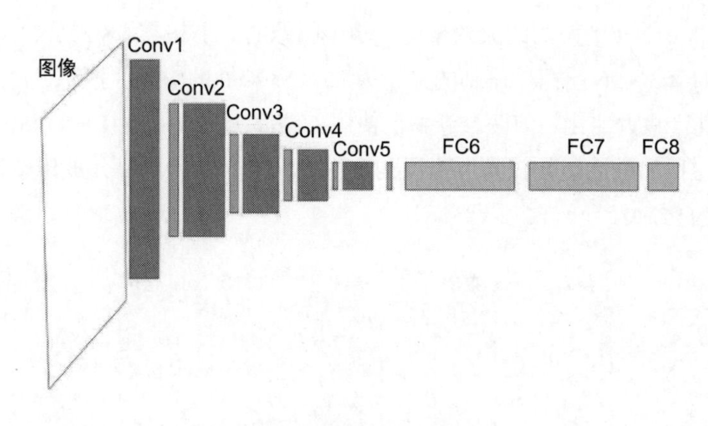

图 1-18 VGG 架构

这种架构从此得到了广泛应用，以基础的开发方式进行深入挖掘。在提出这个架构的时候，没有使用批归一化 (batch normalization，BN)[①]，所以网络受到了内部协变量偏移 (internal covariate shift) 和中途梯度丢失的影响。该架构使用了 3×3 和 1×1 卷积核的组合。相比使用一个 7×7 卷积核，堆叠三个 3×3 卷积核更好，因为有参数的数量：如果我们有 C 个通道，那么 3×3 卷积核有 $27C^2$ 个参数，但在 7×7 卷积核的情况下，我们将最终有 $49C^2$ 个参数。

然而，感受野最终会有三个堆叠的 3×3 卷积核，相当于一个 7×7 卷积核，它们都有更多对特征图进行卷积操作的自适应函数。参见图 1-19。

这个模型架构遵循卷积式架构，这种架构采用现代架构中明确定义的优先级。我们有 5 个卷积，当特征图的尺寸减小时，这种架构可以将信息的损失保持为最小。每个块的通道数都会增加。每个卷积块之后都跟着最大池化来减少特征图的维度。此外，还加入了 1×1 卷积核，它作为一个混合器，混合了前一级特征图的所有特征。这种卷积操作可以视为 z 轴上的降维技术。虽然连续使用 3×3 卷积核或 5×5 卷积核会增加特征图的通道数，但在某些时候，需要采用适当的技术在保持信息损失最小的同时进行降维。1×1 卷积核通常被用于跨通道的池化，它也可以用来增加通道的数量，但在实践中一般不这么做。

VGG 是对传统 CNN 架构的重大改进，它是 2015 年发布的前沿算法。

① 译注：又称”批次归一化”，指的是一种有效的逐层归一化方式，我们可以对神经网络中任意的中间层进行归一化操作，以进行学习训练时的批次或批 (batch) 为单位。

ConvNet Configuration						
A	A-LRN	B	C	D	E	
11 weight layers	11 weight layers	13 weight layers	16 weight layers	16 weight layers	19 weight layers	
input(224 × 224 RGB image)						
Conv3-64	Conv3-64 LRN	Conv3-64 Conv3-64	Conv3-64 Conv3-64	Conv3-64 Conv3-64	Conv3-64 Conv3-64	Conv1
maxpool						
Conv3-128	Conv3-128	Conv3-128 Conv3-128	Conv3-128 Conv3-128	Conv3-128 Conv3-128	Conv3-128 Conv3-128	Conv2
maxpool						
Conv3-256 Conv3-256	Conv3-256 Conv3-256	Conv3-256 Conv3-256	Conv3-256 Conv3-256 Conv1-256	Conv3-256 Conv3-256 Conv3-256	Conv3-256 Conv3-256 Conv3-256 Conv3-256	Conv3
maxpool						
Conv3-512 Conv3-512	Conv3-512 Conv3-512	Conv3-512 Conv3-512	Conv3-512 Conv3-512 Conv1-512	Conv3-512 Conv3-512 Conv3-512	Conv3-512 Conv3-512 Conv3-512 Conv3-512	Conv4
maxpool						
Conv3-512 Conv3-512	Conv3-512 Conv3-512	Conv3-512 Conv3-512	Conv3-512 Conv3-512 Conv1-512	Conv3-512 Conv3-512 Conv3-512	Conv3-512 Conv3-512 Conv3-512 Conv3-512	Conv5
maxpool						
FC-4096						
FC-4096						
FC-1000						
soft-max						

Table 2：Number of parameters(in millions).

Network	A,A-LRN	B	C	D	E
Number of parameters	133	133	134	138	144

图 1-19 VGG 堆栈的分层描述 (保留英文)

1.1.4.3 ResNet

ResNet 是一个用于图像下游任务的先进架构，在 2015 年的 ILSVRC(ImageNet 大规模视觉识别挑战赛) 中获胜后，便在计算机视觉世界中展露锋芒。ResNet 也是一些先进目标检测算法 (如 YOLO 和更快的 RCNN) 的基础架构，如图 1-20 所示。这个模型由微软的一个团队提出，他们利用残差学习框架 (residual learning framework) 进行更深层次的训练，得到更深的网络。

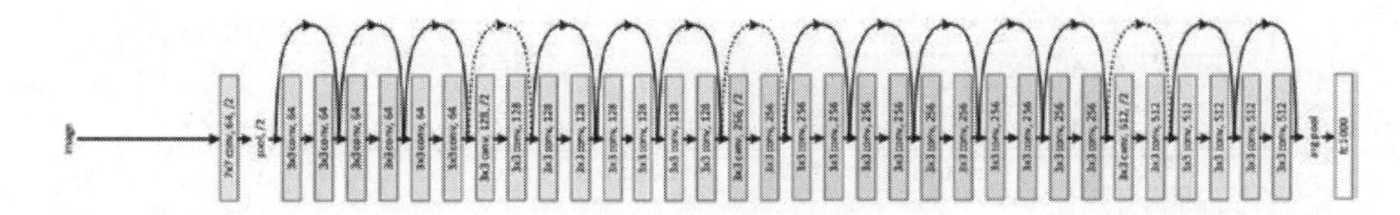

图 1-20 ResNet 的基本架构

图 1-21 显示了残差框架的基本结构。前一层的输出可以看作 X；它被传给残差函数和恒等函数 (identity function)。因此，如果残差函数由函数 $f(x)$ 表示，则可以称两者的结果为 $f(x) + X$。

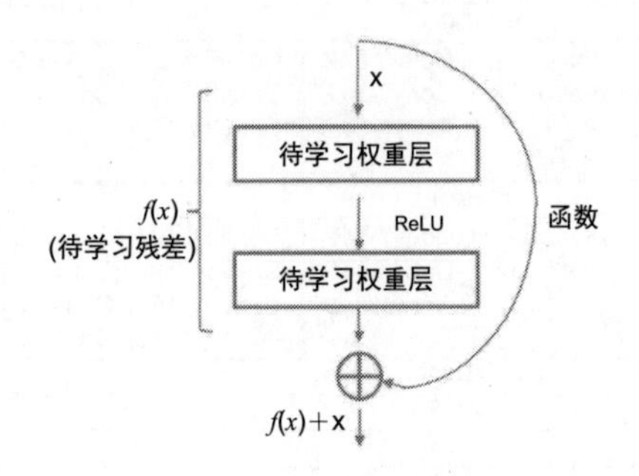

图 1-21 残差结构

该结构试图解决是准确率下降的问题。实验显示，随着层级的增加，深度网络的准确率会趋于饱和并最终下降。这些下降并不是由过拟合引起的，而是因为问题本身就难以优化。在深度神经网络中，一个常见的线性问题可能很难训练。举例来说，如果想构建一个模型，该模型仅进行两个数的线性相加并希望结果是这两个数的和，通常情况下，优化其非线性对应模型会更容易，因为只需要对这些数字和结果进行指数运算。

跳跃连接 (skip connection，也称“残差连接”) 或称高速网络 (highway network)，为深度神经网络提供图像的副本，而这种连接方式产生的恒等映射层 (identity layer) 在我们从残差网络获取的局部感受野之外提供了另一个可用的局部感受野。跳跃连接和残差部分的输出需要有相同的维度。因此，在加入残差函数之前，如果输出的维度不匹配，就需要通过透视来匹配维度。如图 1-21 所示，ResNet34 架构使用的是 3，4，6，3 的堆叠和 64，128，256，512 的网络块堆叠。有两种类型的跳跃连接，一种用实线表示，另一种用虚线表示。在大多数情况下，如果输入维度匹配残差的输出，输入会被加入，由实线表示。如果维度不匹配 (如虚线所示)，则通过在步长为 2 的 1×1 的卷积中添加填充来控制维度。无论哪种方式，都不会为模型增加待学习的参数。

层的名称	输出大小	18层	34层	50层	101层	152层
Conv1	112×112	7×7, 64，步长2				
Conv2_x	56×56	3×3最大池化，步长2				
		$\begin{bmatrix} 3\times3, 64 \\ 3\times3, 64 \end{bmatrix}\times2$	$\begin{bmatrix} 3\times3, 64 \\ 3\times3, 64 \end{bmatrix}\times3$	$\begin{bmatrix} 1\times1, 64 \\ 3\times3, 64 \\ 1\times1, 256 \end{bmatrix}\times3$	$\begin{bmatrix} 1\times1, 64 \\ 3\times3, 64 \\ 1\times1, 256 \end{bmatrix}\times3$	$\begin{bmatrix} 1\times1, 64 \\ 3\times3, 64 \\ 1\times1, 256 \end{bmatrix}\times3$
Conv3_x	28×28	$\begin{bmatrix} 3\times3, 128 \\ 3\times3, 128 \end{bmatrix}\times2$	$\begin{bmatrix} 3\times3, 128 \\ 3\times3, 128 \end{bmatrix}\times4$	$\begin{bmatrix} 1\times1, 128 \\ 3\times3, 128 \\ 1\times1, 512 \end{bmatrix}\times4$	$\begin{bmatrix} 1\times1, 128 \\ 3\times3, 128 \\ 1\times1, 512 \end{bmatrix}\times4$	$\begin{bmatrix} 1\times1, 128 \\ 3\times3, 128 \\ 1\times1, 512 \end{bmatrix}\times8$
Conv4_x	14×14	$\begin{bmatrix} 3\times3, 256 \\ 3\times3, 256 \end{bmatrix}\times2$	$\begin{bmatrix} 3\times3, 256 \\ 3\times3, 256 \end{bmatrix}\times6$	$\begin{bmatrix} 1\times1, 256 \\ 3\times3, 256 \\ 1\times1, 1024 \end{bmatrix}\times6$	$\begin{bmatrix} 1\times1, 256 \\ 3\times3, 256 \\ 1\times1, 1024 \end{bmatrix}\times23$	$\begin{bmatrix} 1\times1, 256 \\ 3\times3, 256 \\ 1\times1, 1024 \end{bmatrix}\times36$
Conv5_x	7×7	$\begin{bmatrix} 3\times3, 512 \\ 3\times3, 512 \end{bmatrix}\times2$	$\begin{bmatrix} 3\times3, 512 \\ 3\times3, 512 \end{bmatrix}\times3$	$\begin{bmatrix} 1\times1, 512 \\ 3\times3, 512 \\ 1\times1, 2048 \end{bmatrix}\times3$	$\begin{bmatrix} 1\times1, 512 \\ 3\times3, 512 \\ 1\times1, 2048 \end{bmatrix}\times3$	$\begin{bmatrix} 1\times1, 512 \\ 3\times3, 512 \\ 1\times1, 2048 \end{bmatrix}\times3$
	1×1	平均池化, 1000-d fc, SoftMax				
FLOPs		1.8×10^9	3.6×10^9	3.8×10^9	7.6×10^9	11.3×10^9

图 1-22 ResNet 的逐层卷积信息

另外，值得注意的是，这个模型使用带有动量 (momentum) 的随机梯度下降作为优化器。带有动量的随机梯度下降是其他很多前沿模型都在用的方法。

1.1.4.4 Inception 架构

自 2014 年以来，Inception 陆续发布了好多个新版本。GoogLeNet(经常与 InceptionV1 联系在一起) 是 2014 年 ILSVRC 图像分类和定位这两个任务的冠军。它有多个迭代版本。让我们来看看 Inception 架构。

为了增强卷积块中的有效局部表示，这个解决方案提出了可分解卷积 (factorize convolution)。它建议在 1×1 卷积核之后使用 3×3 卷积核，以减少激活的强度并降低相关性。采用一种将更重的卷积核分解为较小的副本的方式，试图达到相同的结果。例如，5×5 卷积核需要 $25C^2$ 个参数，但可以分解为两层 3×3 卷积核，后者只需要 $18C^2$ 个参数，参见图 1-23。研究表明，相比于 3×3 卷积核，5×5 卷积核在一次卷积操作中可以覆盖更多像素点，因此它有更好的“鸟瞰”视角。然而，这种架构的主张是，在构建计算机视觉模型时，还需要关注平移不变性，较小的卷积核则有助于实现这一点。

卷积进一步分解为非对称卷积 (asymmetric convolution)。3×3 卷积核进一步分解为 3×1 卷积核和 1×3 卷积核，至少可以节省三分之一的计算成本。这种方法也可以应用于更大的卷积核，如图 1-24 所示。

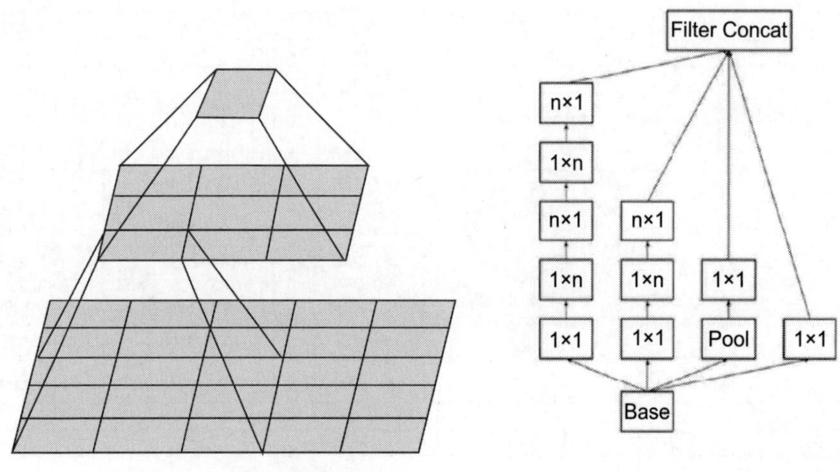

图 1-23 卷积的鸟瞰图　　图 1-24 非对称卷积

模型架构中另一个重要的补充是辅助分类器 (auxiliary classifier)。它们被设计来处理深度神经网络中的梯度消失问题 (vanishing gradient)。除了使用批归一化和 dropout 丢弃法技术，网络的这一部分也被用作模型的正则化器 (regularizer)。相比没有这样的分支的模型，辅助分类器有助于在训练结束时提高模型的准确性。图 1-25 展示了一个辅助网络分支。

在对一个具有多个通道的信息网格进行池化操作时，建议根据期望的降低程度来增加特征图的数量。由于信息是按空间分布的，所以我们可能更想保留信息量，而不是直接削减信息。这里可以想象一个半固态的长方体。如果我们需要减小其面积，就需要在某个方向上进行拉伸。在这个例子中，这个方向就是深度。图 1-26 展示了 Inception 架构中使用的网格减小技术。并行架构将会同时开展池化操作和卷积操作，然后将它们的结果进行连接。

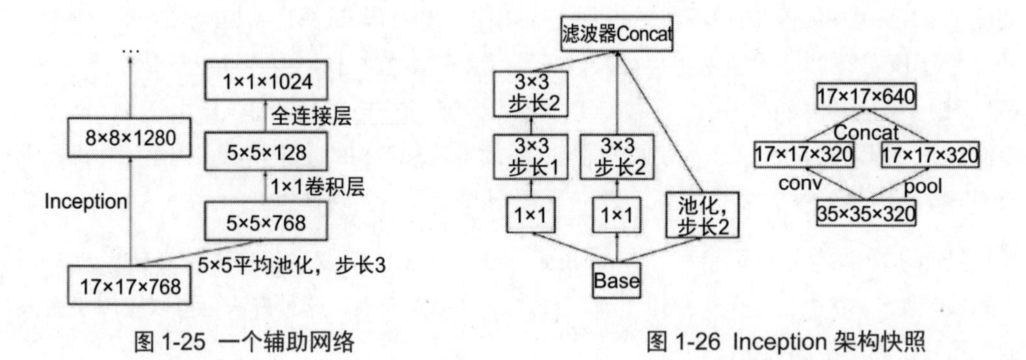

图 1-25 一个辅助网络　　图 1-26 Inception 架构快照

Inception 架构最初使用的是带有动量的随机梯度下降，但后来改用 RMSProp 进行模型训练，这实现了更高的准确率。

1.1.5 掌握深度学习模型

到目前为止，我们已经探索了一些使用较为广泛的基于 CNN 的模型。可以通过多种方法为通用计算机视觉任务的架构建模。现在让我们讨论一些重要的概念，在下一章中，当我们动手解决多个问题时，这些概念非常有用。

1.1.5.1 批归一化

在训练深度神经网络时，会出现一个固有的问题。在训练过程中，各层的输入分布会因受到从其上层来的输入影响而在一定程度上改变，形成不同的分布。梯度会影响权重，而权重的改变又会对分布产生级联效应 (cascading effect)。这种现象被称为“内部协变量偏移”(internal covariate shift)。为了训练深度神经网络，我们经常使用随机梯度下降 (SGD) 的变体——小批量梯度下降 (mini-batch gradient descent)[①]。这种方法在一定程度上减少了计算需求，并且，通过让小批量样本代表原始输入，模型的训练效果也相当好。

批归一化通常在卷积操作之后使用。它可以在 ReLU 激活层之前或之后使用，但绝不会在架构的最后一层使用。它能增强每一层提取的特征。我们来看一个例子。假设有一个随机的层，它有 64 个通道，并且一个批次有 16 个图像。在这种情况下，我们将使用 16 个图像来对 64 个通道中的每一个进行归一化，以获得输出。

在批归一化的第一步，我们试图通过批次的平均值来平移数据，然后通过批次的标准差来缩放它，这与批次中的通道相对应。在第二步，我们将结果乘以 γ，并加上另一个参数 β。这些参数帮助神经网络确定是否需要批归一化，以及这些特征在下一层中的重要性。这有助于梯度的流动，并最终对训练起到帮助。

$$\hat{x} = \frac{x - \mu}{\sigma}$$
$$Output_{BN} = \hat{x} * \gamma + \beta$$

① 译注：随机梯度下降算法 SGD 和全梯度下降算法 BGD 之间的折中方法，旨在权衡前者的效率和后者的稳定性。

x：原始输入

μ：小批次的均值——非可训练参数

σ：小批次的标准差——非可训练参数

γ，β：归一化效应的参数——可训练参数

由此，批归一化 (BN) 将额外的可训练参数引入到模型架构中。

虚拟批归一化是对批归一化的扩展，用于训练生成对抗性网络。当我们在单个 GPU 上进行训练，且该 GPU 已经装满了一个批次时，这个概念就非常适用。如果用多个 GPU 进行训练，可能就会出现问题。在这种情况下，虚拟批归一化能提供帮助。它会把 GPU 用作轴心，然后计算样本均值和标准差以进行归一化。鉴于它是在较小的样本规模上工作，它也可以对数据进行正则化。由使用多个 GPU 而导致的图像分布的随机性会在一定程度上改变损失函数。批归一化已被证明是模型进行深度学习的重要机制，它为现代架构提供了多方面的益处。

1.1.5.2 丢弃法

丢弃法通常用于一维网络。在卷积神经网络中，有些模型会使用丢弃法，除了最后几层，每个卷积层后都可以使用丢弃法，因为最后几层的维度较小，并且图像的特征已被有效提取。丢弃法可以用作正则化器。

图 1-27 展示了丢弃法的应用，左侧是一个常规的神经网络，右侧则显示除了最后一层外的所有层都使用了丢弃法。

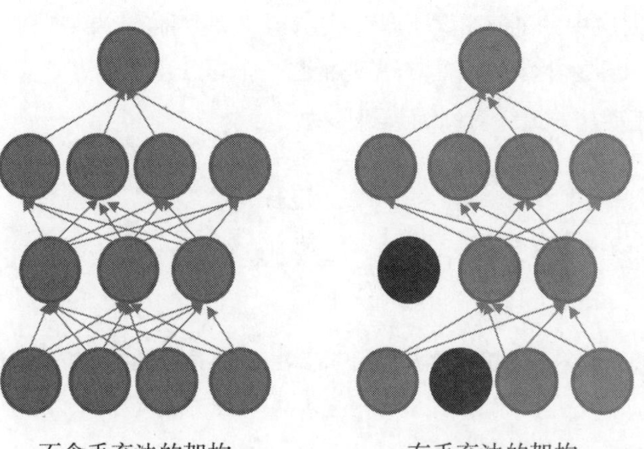

图 1-27 全连接网络中的丢弃法

1.1.5.3 数据增强技术

深度学习架构需要大量数据以便在成本函数上实现泛化。在实际场景中，一般都没有足够多的数据。数据增强技术能够在不影响实际标签或图像的基本可区分特征的情况下，生成更多的数据点。举个例子，假设我们想要增强一张猫的图像，那么我们向分类器提供的图像中就不能只包含尾巴。尾巴在同一物种内或许能被用作有辨识度的特征，但它也可能属于其他类别。

训练数据需要代表整个群体 (population)。图像可能有许多变化，包括平移、亮度变化等。以下是一些数据增强技术：

- **平移** (translation)：图像可以沿水平方向或垂直方向进行移动。
- **白化** (whitening)：用于强化已经可辨识的特征。因为 CNN 会尝试捕捉边缘和梯度，所以这个技术可能有帮助。
- **缩放** (scaling)：对图像像素值进行缩放的过程。
- **随机裁剪** (random crop)：随机裁剪图像的一部分，它可以代替丢弃法，因为不会有任何特定的图像区域被优先考虑。
- **颜色偏移** (shifting colors)：可以通过改变色相、饱和度值以及 RGB 的偏移来进行颜色的偏移。
- **弹性扭曲** (elastic distortions)：可以尝试计算位移插值，将一些点在水平方向或垂直方向上移动。
- Mixup：在一些模型分类场景中，我们可以使用这个技术创建两个类别的混合，以便 CNN 学习线性识别能力。
- Patch Gaussian：这种技术在图像的选定区域添加随机噪声，可以增强模型的稳健性。
- **基于强化学习的增强**：可以创建模型并决定增强策略。这个过程成本很高，要谨慎使用。

数据增强技术有许多，而大部分技术都根据我们希望模型具有的健壮性以及测试数据的预期来调整。这在任何基于深度学习的建模中都很重要。

1.1.6 PyTorch 简介

深度学习建模需要高计算能力和正确定义的框架来进行优化。目前，一些框架在研究和开发者社区中很受欢迎。所有框架都确保了有用且常见的函数随时可用。框架会设置好软件包和功能，以帮助开发者轻松创建端到端的深度学习模型。

PyTorch 是一个用 C++ 和 Python 开发的框架，因此它经过了优化并且运行速度更快。它主要使用张量 (tensor) 来进行开发。同时，它还支持在不同的处理器架构中操作张量。它支持并行处理和在 CUDA 核中进行处理，这可以加速计算机视觉模型的训练。

下面将探讨 PyTorch 的用法。

1.1.6.1 安装

访问 pytorch.org 并选择要在什么系统上安装 PyTorch。举例来说，如果想要通过 conda 或 pip 来安装包，那么最好已经安装好 CUDA 并能使用它。

```
<conda>/<pip> install pytorch/torch <configuration>
```

1.1.6.2 基础入门

导入需要用到的包：

```
import numpy as np
import torch
print(torch.__version__)
>>1.9.0+cu102
```

如图 1-28a 所示，从 NumPy 转换到张量的基本操作如下：

```
x1 = [[1,1],[2,2]]
print("Type of data :{}".format(type(x1)))
print(x1)
x1 = np.array(x1)
print("Type of data :{}".format(type(x1)))
print(x1)
```

```
Type of data :<class 'list'>
[[1, 1], [2, 2]]
Type of data :<class 'numpy.ndarray'>
[[1 1]
 [2 2]]
```

图 1-28a 将 NumPy 转换为张量

如图 1-28b 所示，创建一个列表并将其转换为 NumPy 数组：

```
x_tensor = torch.tensor(x1)
print("Type of data :{}".format(type(x_
tensor)))
print(x_tensor)
```

```
Type of data :<class 'torch.Tensor'>
tensor([[1, 1],
        [2, 2]])
```

图 1-28b　将列表转换为张量

如图 1-28c 所示，使用 torch.Tensor 将 NumPy 数据转换为张量：

```
x1 =np.array([[2,2],[2,2]])
x_tensor = torch.Tensor(x1)
print("Type of data :{}".format(type(x_
tensor)))
print(x_tensor)
```

```
Type of data :<class 'torch.Tensor'>
tensor([[2., 2.],
        [2., 2.]])
```

图 1-28c　根据数组生成张量

如图 1-28d 所示，将使用 torch.Tensor 将 Numpy 数组转换为 Torch 张量，这是一个构造函数，可以将现有数据转换为张量或创建一个未初始化的数据张量 torch.empty：

```
x1 =np.array([[1,2],[1,2]])
x_tensor = torch.from_numpy(x1)
print("Type of data :{}".format(type(x_
tensor)))
print(x_tensor)
```

```
Type of data :<class 'torch.Tensor'>
tensor([[1, 2],
        [1, 2]])
```

图 1-28d　根据数组中生成张量

这个函数也被用来根据 NumPy 数组创建张量。现在我们来看看矩阵乘法中的一些函数。首先如图 1-28e 所示，创建几个张量：

```
zero_t = torch.zeros((2,2))
print(zero_t)
one_t = torch.ones((2,2))
print(one_t)
rand_t = torch.rand(2,2)
print(rand_t)
```

```
tensor([[0., 0.],
        [0., 0.]])
tensor([[1., 1.],
        [1., 1.]])
tensor([[0.1928, 0.3161],
        [0.2537, 0.1133]])
```

图 1-28e　张量生成器

我们创建了一个全部为 0 的 Torch 张量、一个全部为 1 的张量以及另一个随机张量。我们可以使用这些张量进行基本的线性代数运算，如图 1-28f 和图 1-28g 所示：

```
print(one_t + rand_t)
```

```
tensor([[1.1928, 1.3161],
        [1.2537, 1.1133]])
```

图 1-28f　张量加法

```
print(one_t*rand_t)
```

```
tensor([[0.1928, 0.3161],
        [0.2537, 0.1133]])
```

图 1-28g　张量乘法

图 1-28h 显示了两个矩阵的加法和乘法，让我们深入研究矩阵的运算：

```
array1 = torch.tensor([1,2,4])
array2 = torch.tensor([2,3,4])
print(torch.dot(array1,array2))

>> tensor(24)
```

torch.dot 函数计算了两个 1 维张量的点积[①]：

```
array1 = torch.tensor([1,2,4]).
reshape(1,-1)
print(array1.shape)
array2 = torch.tensor([2,3,4]).
reshape(-1,1)
print(array2.shape)
print(torch.matmul(array2,array1))
```

```
torch.Size([1, 3])
torch.Size([3, 1])
tensor([[ 2,  4,  8],
        [ 3,  6, 12],
        [ 4,  8, 16]])
```

图 1-28h 张量点积

1.2 小结

本章介绍了进行点积和矩阵乘法等基本运算的方式。我们可以把通道和输入看作三维张量。建模框架使用的是点积、逐元素乘法和计算机视觉模型中的其他线性代数运算。在接下来的章节，我们将进一步探索如何使用 Torch 来构建模型。

我们学习了卷积神经网络的基础知识以及它们是如何帮助理解图像的。

至此，我们对计算机视觉的概念讨论告一段落。下一章将开始探讨相关的应用和项目。

① 译注：dot product，是一种向量运算，也称为“内积”或“数量积”。

第 2 章

图像分类

第 1 章讨论了计算机视觉中几个重要的概念，同时还讨论了这个领域中的一些最佳实践。现在，是时候将它们应用到实践中了。本章将要探索计算机视觉领域的多个应用。首先简单介绍如何使用 Torch 组件来构建模型、定义损失函数和进行训练。

通过名称来识别目标时，会涉及分类过程。在数据科学的各个方面，都会涉及分类需求的问题。这个过程可能非常简单，比如判断手机上的一张图像是山景还是海景或者说是鸟还是狗。分类是一个最基础但也最强大的概念。下面来看一看计算机视觉模型是如何进行分类的：

1. 检测边缘
2. 检测梯度
3. 识别纹理
4. 识别模式
5. 目标的组成部分

模型需要将一个名称与图像中的特定目标关联起来。它遵循一种结构化的知识提取机制将特定目标与其名称相关联。然后，模型重新生成输入，供决策过程使用。

2.1 本章所涵盖的主题

本章要探讨以下主题。

1. 数据准备方法
2. 数据增强技术
3. 使用批归一化和丢弃法
4. 比较激活函数
5. 设置模型及其变体
6. 训练过程
7. 推理并比较模型结果

定义问题

我们将借助计算机视觉建模技术来检查肺部 X 光图像，并按照是否患有肺炎对图像进行分类。由于这是一个医疗健康问题，所以最好让模型能够过度预测 (overpredict)。我们需要以最高的准确率进行预测，如果可能的话，应该追求近乎 100% 的召回率以及高准确率。我们必须确保对所有可能的感染病例进行诊断，不能因为细微的差距就将肺部感染误分类为健康肺部。通常，在进行预测时，我们可以使用 softmax logits，而不是 softmax 函数。这是一个基于数据经验理解以及模型行为的关键决策。

在这种图像分类问题中，一个主要的难题在于是否有足够多的、标注恰当的数据。卷积神经网络的图像分类能够辅助完成多种下游任务。一种在特定数据上训练过的模型可以被用来对其他相似的数据进行微调，并用于预测。尽管有多个开源的图像库，但对于大部分工业用途来说，都只能提供一个起点。我们还需要使用针对特定任务的图像。

2.2 方法概述

我们使用卷积神经网络来解决分类问题。我们要尝试对流程进行各种调整，以在获取更高准确率的同时保证结果的稳定性。在这个过程中，我们将广泛应用第 1 章中学到的概念。这纯粹是一次实验，我们只为需要反复优化的方法设定基准标准。

具体步骤如下。

1. 从数据源下载数据并将其放在根目录下。
2. 检查数据的完整性和可配置的信息，比如图像的形状、大小和分布。
3. 初始化用于训练和测试的数据加载器。
4. 定义模型架构并对其进行验证。
5. 定义用于训练和测试的函数。
6. 定义用于训练的优化器以及其他训练信息，比如正则化和 epoch(肘) 等。
7. 训练并检查损失和准确率的变化模式，以理解架构和模型训练过程的稳定性。
8. 在多个改进或变更阶段中做出决策，选择一个方案用于进一步调整或投入生产。

具体步骤如图 2-1 所示，可以作为解决方案的参考。

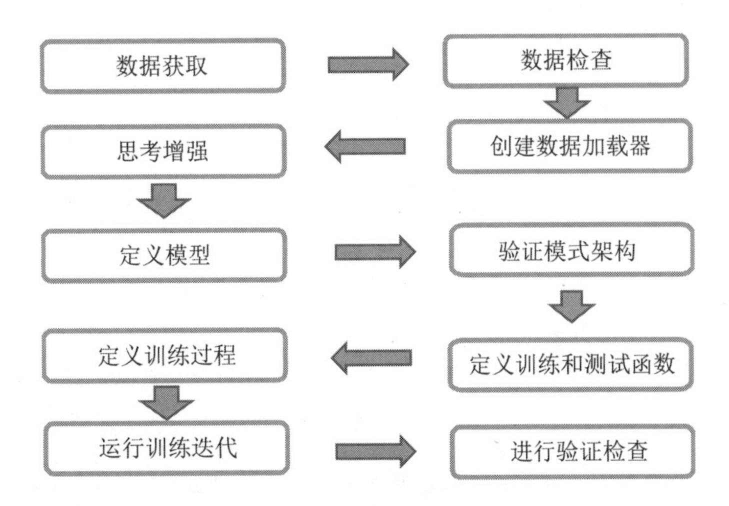

图 2-1 图像分类流程

2.3 创建图像分类流程

简单的分类问题有多种解决方法。由于我们正在使用可以从空间模式中提取特征的深度学习模型，所以最好深入研究一下网络。我们还需要考虑其他策略，比如学习率[①]调整和正则化技术，以提升模型性能。考虑到问题的复杂性，我们可以应用以下策略。

① 译注：学习率是指训练神经网络时用于调整参数的步长大小，它决定着每次梯度更新时参数的调整程度。学习率的选择直接关系到模型的性能和训练过程中的效果。合适的学习率能使目标函数在合适的时间内收敛到局部最小值。

1. 我们可以根据可用数据的规模和问题的复杂性，决定是否需要进行过采样。
2. 验证数据和我们获取的图像数据类型有助于确定数据增强策略。
3. 我们需要检查图像大小和图像内的物体大小，以便更好地理解模型架构。
4. 我们需要根据模型所需的生产基础设施以及我们需要的延迟来制定策略。
5. 在制定模型策略时，还需要我们确定准确率，并判断是需要更高的召回率还是需要更高的精确度。
6. 在构建模型时，还需要考虑训练时间和基础设施的成本。

我们将尝试 4 种渐进的方法来处理手头的图像分类问题。我们将逐步增加解决方案的复杂性，以观察各个过程的影响。我们先来看第一种策略。

2.3.1 第一个基本模型

我们将从数据、数据探索、数据加载器、定义模型、训练过程以及模型的几个变体来展开描述。

2.3.2 数据

在这个应用场景中，我们要用一个数据集 (其中包含两类图像，一类是健康的，一类是已感染的) 来创建一个图像分类器。下载这个数据集并将其储存至本地目录中，以供 Python 编译器访问。如果使用的是 Google Colab，可以将数据储存至 Google Drive 中，并将其挂载到 Colab 上。

使用开源数据来处理这个问题。数据可以在以下网址找到：https://www.kaggle.com/tolgadincer/labeled-chest-xray-images。

数据集分为测试和训练两个文件夹，每个文件夹下又分别有 NORMAL(正常) 和 PNEUMONIA(肺炎) 两个类别。

- NORMAL 类别下的训练样本数量为 1349 个。
- PNEUMONIA 类别下的训练样本数量为 3883 个。
- NORMAL 类别下的测试样本数量为 234 个。
- PNEUMONIA 类别下的测试样本数量为 390 个。

让我们来看一张存放在 NORMAL 文件夹中的样本图像，以检查图像的质量和位置。图 2-2 展示了来自 NORMAL 训练文件夹的一个随机的 2283×2120 像素的图像。由于此图像是由 mpimg 生成的，所以它在 Jupyter 笔记本中颜色可能有所不同。也可以使用 cv2.imshow() 这个命令来显示图像。

现在，让我们查看一张来自 PNEUMONIA 训练文件夹的样本图像。图 2-3 展示了这个类别下一张 776×1224 像素的图像。

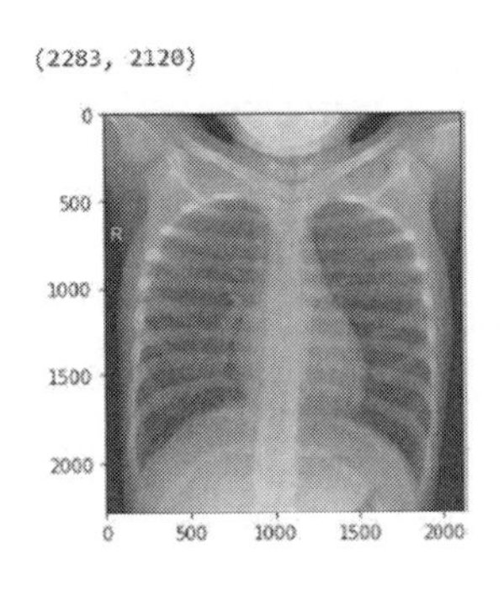

图 2-2 正常肺部训练数据的样本图像

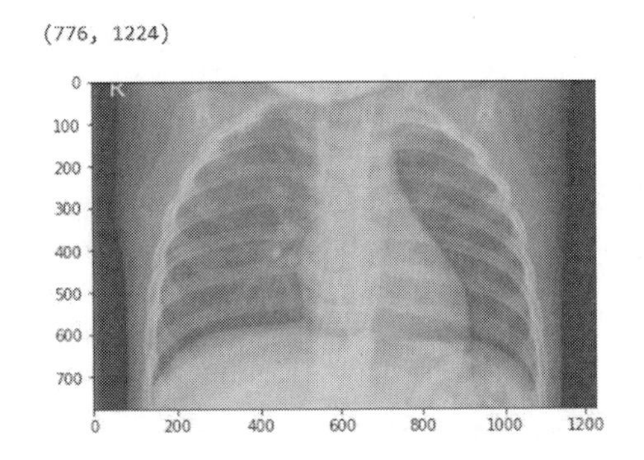

图 2-3 已感染肺部的样本图像

现在，让我们开始编程，首先完成一些基本的导入。为了让整个流程正常工作，这些导入是必要的。使用 GPU 可以加快训练过程，但使用 CPU 也是可以的。

我们需要安装支持 CUDA 的 PyTorch，因为我们在训练过程中可能会用到本地 CUDA 核心。我们得谨慎处理所有放在 CUDA 中处理的对象以及所有放在 CPU 中处理的对象。不同处理器之间的数据是不能混合的，除非专门进行转换。

我们需要导入一些针对这些分类问题的自定义库。让我们按顺序列出这些库：

```
import os

import numpy as np
import cv2

import matplotlib.pyplot as plt
import matplotlib.image as mpimg
%matplotlib inline

from PIL import Image
from IPython.display import display
```

```
import torch
import torch.nn as nn
from torch.utils.data import DataLoader
import torch.nn.functional as F
from torchvision import datasets, transforms, models
from torch.optim.lr_scheduler import StepLR
from torchsummary import summary
from tqdm import tqdm
```

导入了所有需要用到的库之后，就可以开始从目录链接数据了。首先，把文件解压到文件夹。如果在这个过程中使用 Google Colab，则可以使用以下命令将 Google Drive 挂载到 Colab，并使用存储在那里的数据：

```
from google.colab import drive
drive.mount('/content/gdrive')
unzip < 压缩文件位置 >
```

将数据放到 Colab 的位置，以方便模型使用。然后，为数据目录设定数据路径，这不受所使用系统的影响：

```
data_path='/content/chest_xray'
```

2.3.3 数据探索

现在，开始探索并检查数据的基本质量。我们需要指定可供模型使用的训练和测试文件夹。在图像分类任务中，通常不进行特定的逐图像标注。如果图像按照文件夹进行分类，则可以直接将文件夹名用作类名。另一种可能是所有图像都在一个文件夹中，此时便需要指定哪个图像路径属于哪个类：

```
class_name = ['NORMAL','PNEUMONIA']
def get_list_files(dirName):
    '''

    input-directory location
    output-list the files in the dirctory
    '''
    files_list = os.listdir(dirName)
    return files_list

files_list_normal_train = get_list_files(data_path+'/train/'+class_name[0])
files_list_pneu_train = get_list_files(data_path+'/train/'+class_name[1])
```

```
files_list_normal_test = get_list_files(data_path+'/test/'+class_name[0])
files_list_pneu_test = get_list_files(data_path+'/test/'+class_name[1])
```

将类名硬编码为 NORMAL 和 PNEUMONIA，因为文件夹就是按照这样的方式组织的：

```
print("Normal 类别的训练样本数 {}".format(len(files_list_normal_train)))
print("Pneumonia 类别的训练样本数 {}".format(len(files_list_pneu_train)))
print("Normal 类别的测试样本数 {}".format(len(files_list_normal_test)))
print("Pneumonia 类别的测试样本数 {}".format(len(files_list_pneu_test)))
```

输出结果如下：

```
Normal 类别的训练样本数 1349
Pneumonia 类别的训练样本数 3883
Normal 类别的测试样本数 234
Pneumonia 类别的测试样本数 390
```

现在我们已经提取图像并确定了路径，接着看一下如何查看 NORMAL 文件夹和 PNEUMONIA 文件夹中的样本图像：

```
rand_img_no = np.random.randint(0,len(files_list_normal_train))
img = data_path + '/train/NORMAL/'+ files_list_normal_train[rand_img_no]
print(plt.imread(img).shape)

img = mpimg.imread(img)
imgplot = plt.imshow(img)
plt.show()
```

输出与前面的图 2-2 类似：

```
img = data_path + '/train/PNEUMONIA/'+ files_list_pneu_train[np.random.randint(0,len(files_
list_pneu_train))]
print(plt.imread(img).shape)
img = mpimg.imread(img)
imgplot = plt.imshow(img)
plt.show()
```

在这种情况下，输出的图像与前面的图 2-3 类似。

2.3.4 数据加载器

探索过数据后，我们将为训练目的设置数据加载器。在这个变体中，我们不会使用数据增强技术来帮助训练的正则化。我们只会将图像调整并裁剪到统一的大小：224×224 像素。图像的初始大小上并没有什么硬性规定，可以根据需要选择不同的大小。

除了图像的大小和裁剪之外，我们还会将图像转换为 PyTorch 框架所需的张量。我们要尝试使用平均值和标准差对图像进行归一化。如果每个图像有三个通道，则需要我们为每个通道提供一组平均值和标准差值。

代码如下：

```
train_transform = transforms.Compose([
    transforms.Resize(224),
    transforms.CenterCrop(224),
    transforms.ToTensor(),
    transforms.Normalize([0.485, 0.456, 0.406],[0.229, 0.224, 0.225])
])
test_transform = transforms.Compose([
    transforms.Resize(224),
    transforms.CenterCrop(224),
    transforms.ToTensor(),
    transforms.Normalize([0.485, 0.456, 0.406],[0.229, 0.224, 0.225])
])
train_data = datasets.ImageFolder(os.path.join(data_path, 'train'), transform= train_transform)
test_data = datasets.ImageFolder(os.path.join(data_path, 'test'), transform= test_transform)
train_loader = DataLoader(train_data,batch_size= 16, shuffle= True, pin_memory= True)
test_loader = DataLoader(test_data,batch_size= 1, shuffle= False, pin_memory= True)

class_names = train_data.classes

print(class_names)
print(f'Number of train images: {len(train_data)}')
print(f'Number of train images: {len(test_data)}')
```

输出结果如下：

```
['NORMAL', 'PNEUMONIA']
Training images available: 5232
Testing images available: 624
```

我们正在使用 PyTorch 的默认数据加载器。我们将创建两组数据加载器，一组用于训练数据集，另一组用于测试集。这两种情况下，批处理的大小都是可变的，具体取决于系统的 GPU 和 RAM。对于训练数据，我们可以打乱其顺序 (shuffle)，因为没有特定的顺序要求。而如果是测试数据，则需要关闭 shuffle 功能。

pin_memory 参数在需要将先前加载到 CPU 中的数据集转移到 GPU 时非常有用。启用 pin_memory 后，这个过程会更快。

我们使用数据加载器在数据中执行转换，并在稍后的 train 函数中使用它们。当图像根据文件夹的类名进行排序时，通常会使用 ImageFolder。

2.3.5 定义模型

我们将使用卷积块和 ReLU 作为激活层来定义模型架构。基线模型将包括 12 个卷积块，包括一个设置输入和一个设置输出的卷积块。前三个卷积块中有一个最大池化，通过过滤信息的方式将图像从高维度降低到低维度。

模型定义如下：

```
class Net(nn.Module):
    def __init__(self):
        super(Net, self).__init__()
        # 输入块
        self.convblock1 = nn.Sequential(
            nn.Conv2d(in_channels=3, out_channels=8, kernel_size=(3, 3), padding=0, bias=False),
            nn.ReLU(),
            #nn.BatchNorm2d(4)
        )
        self.pool11 = nn.MaxPool2d(2, 2)

        # 卷积块
        self.convblock2 = nn.Sequential(
            nn.Conv2d(in_channels=8, out_channels=16, kernel_size=(3, 3), padding=0, bias=False),
            nn.ReLU(),
            #nn.BatchNorm2d(16)
        )

        # 迁移块
        self.pool22 = nn.MaxPool2d(2, 2)
        self.convblock3 = nn.Sequential(
            nn.Conv2d(in_channels=16, out_channels=10, kernel_size=(1, 1), padding=0, bias=False),
            #nn.BatchNorm2d(10),
            nn.ReLU()
        )
        self.pool33 = nn.MaxPool2d(2, 2)

        # 卷积块
        self.convblock4 = nn.Sequential(
            nn.Conv2d(in_channels=10, out_channels=10, kernel_size=(3, 3), padding=0, bias=False),
            nn.ReLU(),
```

```
            #nn.BatchNorm2d(10)
        )
        self.convblock5 = nn.Sequential(
            nn.Conv2d(in_channels=10, out_channels=32, kernel_size=(1, 1), padding=0, bias=False),
            #nn.BatchNorm2d(32),
            nn.ReLU(),
        )
        self.convblock6 = nn.Sequential(
            nn.Conv2d(in_channels=32, out_channels=10, kernel_size=(1, 1), padding=0, bias=False),
            nn.ReLU(),
            #nn.BatchNorm2d(10),
        )
        self.convblock7 = nn.Sequential(
            nn.Conv2d(in_channels=10, out_channels=10, kernel_size=(3, 3), padding=0, bias=False),
            nn.ReLU(),
            #nn.BatchNorm2d(10)
        )
        self.convblock8 = nn.Sequential(
            nn.Conv2d(in_channels=10, out_channels=32, kernel_size=(1, 1), padding=0, bias=False),
            #nn.BatchNorm2d(32),
            nn.ReLU()
        )
        self.convblock9 = nn.Sequential(
            nn.Conv2d(in_channels=32, out_channels=10, kernel_size=(1, 1), padding=0, bias=False),
            nn.ReLU(),
            #nn.BatchNorm2d(10),
        )
        self.convblock10 = nn.Sequential(
            nn.Conv2d(in_channels=10, out_channels=14, kernel_size=(3, 3), padding=0, bias=False),
            nn.ReLU(),
            #nn.BatchNorm2d(14),
        )
        self.convblock11 = nn.Sequential(
            nn.Conv2d(in_channels=14, out_channels=16, kernel_size=(3, 3), padding=0, bias=False),
            nn.ReLU(),
            #nn.BatchNorm2d(16),
        )

        # 输出块
        self.gap = nn.Sequential(
            nn.AvgPool2d(kernel_size=4)
        )
        self.convblockout = nn.Sequential(
            nn.Conv2d(in_channels=16, out_channels=2, kernel_size=(4, 4), padding=0, bias=False),
```

```
        )

    def forward(self, x):
        x = self.convblock1(x)
        x = self.pool11(x)
        x = self.convblock2(x)
        x = self.pool22(x)
        x = self.convblock3(x)
        x = self.pool33(x)
        x = self.convblock4(x)
        x = self.convblock5(x)
        x = self.convblock6(x)
        x = self.convblock7(x)
        x = self.convblock8(x)
        x = self.convblock9(x)
        x = self.convblock10(x)
        x = self.convblock11(x)
        x = self.gap(x)
        x = self.convblockout(x)

        x = x.view(-1, 2)
        return F.log_softmax(x, dim=-1)
```

在这种方法中，我们创建了一个类，名为“Net”，它使用 Python 的 super 功能实现了多重继承的选项。我们首先构建输入卷积块，其中输入通道的数量设置为 3，输出通道的数量设置为 8。这些参数可以视需求进行调整，但应与模型架构和硬件资源的实际情况相符。我们使用 3×3 卷积，因为如前文所述，这是一种非常高效的卷积方式。在一些块中，我们也可以看到有 1×1 卷积，这种卷积可以提出所有特征图的组合，有助于在深度 (z 方向) 上减少特征图的数量。

以下是对模型的详细解释。

1. 模型的输入块接收一个三通道 224×224 的输入图像，并使用 3×3 的卷积生成 8 个通道的 222×222 的特征图。紧接着是 ReLU 激活层。在这个模型架构中，我们没有使用填充。
2. 在处理完输入之后，我们调用最大池化函数将特征图的大小减小到 111×111。
3. 在池化函数处理完特征图之后，我们使用 3×3 的卷积核对特征图进行卷积，从 8 个通道生成 16 个通道，同时将特征图的大小降低到 109×109。
4. 在用卷积块得到 16 个通道的特征图后，我们再次使用最大池化函数，将特征图的大小减小到 54×54。

5. 然后我们使用过渡块 (这是在网络中的第一次使用它) 将通道数从 16 减少到 10，然后再次使用最大池化函数。
6. 完成最大池化操作后，特征图的大小变成了 27×27。我们使用 3×3 的卷积核进行卷积，创建相同数量的特征图。
7. 第 5 个和第 6 个卷积块是过渡层，在这里我们将层数从 10 增加到 32，然后再回到 10。像之前一样，这里不使用填充。
8. 第 7 个卷积块用于进行 3×3 的卷积操作，但通道数保持不变。
9. 在第 8 个和第 9 个卷积块中，我们执行了类似的操作。通过使用过渡卷积操作，我们将特征图的通道数从 10 增加到 32，然后又减少到 10。
10. 我们添加了一个 3×3 的卷积块，这是第 10 个卷积块。我们将特征图的数量从 10 增加到 14。
11. 这个架构的倒数第二个构建块使用 3×3 的卷积核，将通道数量从 14 增加到 16。
12. 在输出块中，我们使用平均池化函数从 19×19 的特征图中得到 2 到 4 个单元。这些单元可以用于二元分类。执行平均池化操作后，我们使用与特征图大小相同的卷积块，将其转化为一个输出单元。
13. 最后，我们使用对 SoftMax 函数生成输出。这是一个经过缩放的输出，我们使用 Argmax 函数确定每个批次元素的类别。

针对这种架构设计，我们设置偏置 (bias)[①] 的添加为 false。这意味着在网络中生成的所有神经元的计算中都不会添加偏置。然而，我们可以尝试在一些地方加入偏置。在大多数情况下，只要数据经过了中心化和归一化，偏置就不会对网络产生太大影响。

现在来看一下模型的概要输出中的模型签名。如果有可用的 GPU，也可以把模型放在 GPU 中进行处理。

```
use_cuda = torch.cuda.is_available()
device = torch.device("cuda" if use_cuda else "cpu")
print("Available processor {}".format(device))
model = Net().to(device)
summary(model, input_size=(3, 224, 224))

Available processor: cuda
----------------------------------------------------------------
```

① 译注：神经网络中的偏置参数是一个模型可以调整的阈值，它有几个重要作用：提高模型的表达力；增加模型的灵活性；保证激活函数工作在非线性区域内；防止模型过拟合。

```
Layer (type)               Output Shape         Param #
================================================================
    Conv2d-1          [-1, 8, 222, 222]             216
      ReLU-2          [-1, 8, 222, 222]               0
 MaxPool2d-3          [-1, 8, 111, 111]               0
    Conv2d-4         [-1, 16, 109, 109]           1,152
      ReLU-5         [-1, 16, 109, 109]               0
 MaxPool2d-6           [-1, 16, 54, 54]               0
    Conv2d-7           [-1, 10, 54, 54]             160
      ReLU-8           [-1, 10, 54, 54]               0
 MaxPool2d-9           [-1, 10, 27, 27]               0
   Conv2d-10           [-1, 10, 25, 25]             900
     ReLU-11           [-1, 10, 25, 25]               0
   Conv2d-12           [-1, 32, 25, 25]             320
     ReLU-13           [-1, 32, 25, 25]               0
   Conv2d-14           [-1, 10, 25, 25]             320
     ReLU-15           [-1, 10, 25, 25]               0
   Conv2d-16           [-1, 10, 23, 23]             900
     ReLU-17           [-1, 10, 23, 23]               0
   Conv2d-18           [-1, 32, 23, 23]             320
     ReLU-19           [-1, 32, 23, 23]               0
   Conv2d-20           [-1, 10, 23, 23]             320
     ReLU-21           [-1, 10, 23, 23]               0
   Conv2d-22           [-1, 14, 21, 21]           1,260
     ReLU-23           [-1, 14, 21, 21]               0
   Conv2d-24           [-1, 16, 19, 19]           2,016
     ReLU-25           [-1, 16, 19, 19]               0
AvgPool2d-26             [-1, 16, 4, 4]               0
   Conv2d-27              [-1, 2, 1, 1]             512
================================================================
Total params: 8,396
Trainable params: 8,396
Non-trainable params: 0
----------------------------------------------------------------
Input size (MB): 0.57
Forward/backward pass size (MB): 11.63
Params size (MB): 0.03
Estimated Total Size (MB): 12.23
----------------------------------------------------------------
```

这是根据模型设计创建的模型的概述。我们通过提供模型期望的输入维度来计算工作流，并在这个过程中对它们进行验证。

我们需要注意模型的可训练参数和不可训练参数，这些参数将影响训练和进入生产环境基础设施的权重。模型的大小为 11.63 MB。

2.3.6 训练过程

在定义了模型和数据加载器之后，我们就要开始训练了。训练过程将包括以下几个重要步骤。

1. 初始化模型工作流的梯度。
2. 根据当前模型的权重，从当前模型进行预测或进行前向传播，以获得预测结果。权重最初是从分布中随机分配的，使用 Xavier 或者 He 初始化方法。对于 ReLU 激活网络，使用 He 初始化方法，对于 sigmoid 激活函数，使用 Xavier 初始化方法。
3. 完成前向传播后，计算损失，以衡量预测值与实际值之间的差距。
4. 根据累积损失计算反向传播。
5. 完成反向传播的损失计算后，我们将执行优化器步骤，该步骤使用学习率和其他参数来更新和调整模型的权重。

下面是用于准备训练和测试数据的代码：

```
train_losses = []
test_losses = []
train_acc = []
test_acc = []

def train(model, device, train_loader, optimizer, epoch):
    model.train()
    pbar = tqdm(train_loader)
    correct = 0
    processed = 0
    for batch_idx, (data, target) in enumerate(pbar):
        # 获取数据
        data, target = data.to(device), target.to(device)

        # 梯度初始化
        optimizer.zero_grad()
        # 在 PyTorch 中，梯度在反向传播过程中累积，尽管在 RNN 中常用，但在 CNN 中或特定需求中一般不用
        ## 预测数据
        y_pred = model(data)
```

```
        # 计算预测的损失
        loss = F.nll_loss(y_pred, target)
        train_losses.append(loss)

        # 反向传播
        loss.backward()
        optimizer.step()

        # 获取对数概率最大值对应的索引
        pred = y_pred.argmax(dim=1, keepdim=True)
        correct += pred.eq(target.view_as(pred)).sum().item()
        processed += len(data)

        pbar.set_description(desc= f'Loss={loss.item()} Batch_id={batch_idx}
        Accuracy={100*correct/processed:0.2f}')
        train_acc.append(100*correct/processed)

# 测试函数
def test(model, device, test_loader):
    model.eval()
    test_loss = 0
    correct = 0
    with torch.no_grad():
        for data, target in test_loader:
            data, target = data.to(device), target.to(device)
            output = model(data)
            test_loss += F.nll_loss(output, target, reduction='sum').item()
            pred = output.argmax(dim=1, keepdim=True)
            correct += pred.eq(target.view_as(pred)).sum().item()

    test_loss /= len(test_loader.dataset)
    test_losses.append(test_loss)

    print('\nTest set: Average loss: {:.4f}, Accuracy: {}/{} ({:.2f}%)\n'.format(
    test_loss, correct, len(test_loader.dataset),
    100. * correct / len(test_loader.dataset)))
    test_acc.append(100. * correct / len(test_loader.dataset))
```

这段代码主要创建了两个可以用于训练的函数，并根据模型在测试数据上的工作效率评估模型。同时，在训练过程中，这段代码还从训练和测试数据中生成两组准确率和两组损失。这有助于判断模型的表现并测量其稳健性。

让我们逐步解读这段代码。

1. train 函数设置模型来进行训练。

2. 如果模型在 GPU 中，就将数据放在 GPU 中，如果模型在 CPU 中，就把数据放在 CPU 中。初始化设备能确保在训练过程中，数据和模型都在同一个设备上。
3. 每次有新的批次输入时，我们都将梯度设为 0，因为 PyTorch 默认会尝试累加梯度，而这对卷积神经网络来说并不好。然而，对于基于时间序列的模型和架构，我们可以利用梯度累加过程。
4. 使用数据加载器生成图像批次，并将它们传递给模型进行训练。
5. 计算正向传播的预测结果，并将其存放在变量中。完成后，计算模型预测的损失。
6. 计算出的损失在反向传播中使用，并帮助优化器根据最陡峭的上升 / 下降方向更新模型的权重。
7. 预测类别由对数 softmax 函数计算得出，方法是取索引的最大值并相应地计算值。
8. 为了计算测试准确率和损失，执行与训练过程相同的操作，但将模型保持在评估模式下。
9. 在计算测试样本的损失时，不更新权重。

现在，我们已经准备好用于计算损失、反向传播和更新权重的函数，可以初始化优化器和学习率调度器，开始进行模型训练了。训练过程的代码如下：

```
model = Net().to(device)
optimizer = torch.optim.SGD(model.parameters(), lr=0.01, momentum=0.9)
scheduler = StepLR(optimizer, step_size=6, gamma=0.5)

EPOCHS = 15
for epoch in range(EPOCHS):
    print("EPOCH:", epoch)
    train(model, device, train_loader, optimizer, epoch)
    scheduler.step()
    print('current Learning Rate: ', optimizer.state_dict()["param_groups"][0]["lr"])
    test(model, device, test_loader)
```

我们使用带有动量的随机梯度优化器来拟合模型。我们还使用调度器定期更改优化器的学习率。这可以间接帮助模型更快地收敛。训练模型的 epoch 数也取决于我们想要如何训练模型以及计算时间是否符合我们的目标。在停止训练过程之前，我们会观察损失函数是否已经饱和。

请看图 2-4 中显示的输出片段。

```
EPOCH: 0
Loss=0.6931475400924683 Batch_id=326 Accuracy=26.45: 100%|████████| 327/327 [01:36<00:00,  3.39it/s]
current Learing Rate:  0.01
Test set: Average loss: 0.6931, Accuracy: 222/624 (35.58%)
EPOCH: 1
Loss=0.6931475400924683 Batch_id=326 Accuracy=27.05: 100%|████████| 327/327 [01:36<00:00,  3.38it/s]
current Learing Rate:  0.01
Test set: Average loss: 0.6931, Accuracy: 222/624 (35.58%)
EPOCH: 2
Loss=0.6931474804878235 Batch_id=326 Accuracy=27.64: 100%|████████| 327/327 [01:37<00:00,  3.35it/s]
```

图 2-4 输出预览图

代码块的输出将生成训练信息，比如训练和测试损失，并显示准确率。我们会记下最高的准确率，并在模型达到这个准确率时保存权重。

这种方法可能没有给我们带来最好的结果，但确立了逐步提高准确率的工作流程。在这个模型中，我们在测试数据集上得到的准确率非常低，只有 38%。让我们分析测试和训练数据的损失模式，找出问题根源。

用于可视化测试损失的代码片段如下：

```
train_losses1 = [float(i.cpu().detach().numpy()) for i in train_losses]
train_acc1 = [i for i in train_accuracies]
test_losses1 = [i for i in test_losses]
test_acc1 = [i for i in test_accuracies]

fig, axs = plt.subplots(2,2,figsize=(16,10))
axs[0, 0].plot(train_losses1,color='green')
axs[0, 0].set_title("Training Loss")
axs[1, 0].plot(train_acc1,color='green')
axs[1, 0].set_title("Training Accuracy")
axs[0, 1].plot(test_losses1)
axs[0, 1].set_title("Test Loss")
axs[1, 1].plot(test_acc1)
axs[1, 1].set_title("Test Accuracy")
```

输出如图 2-5 所示。

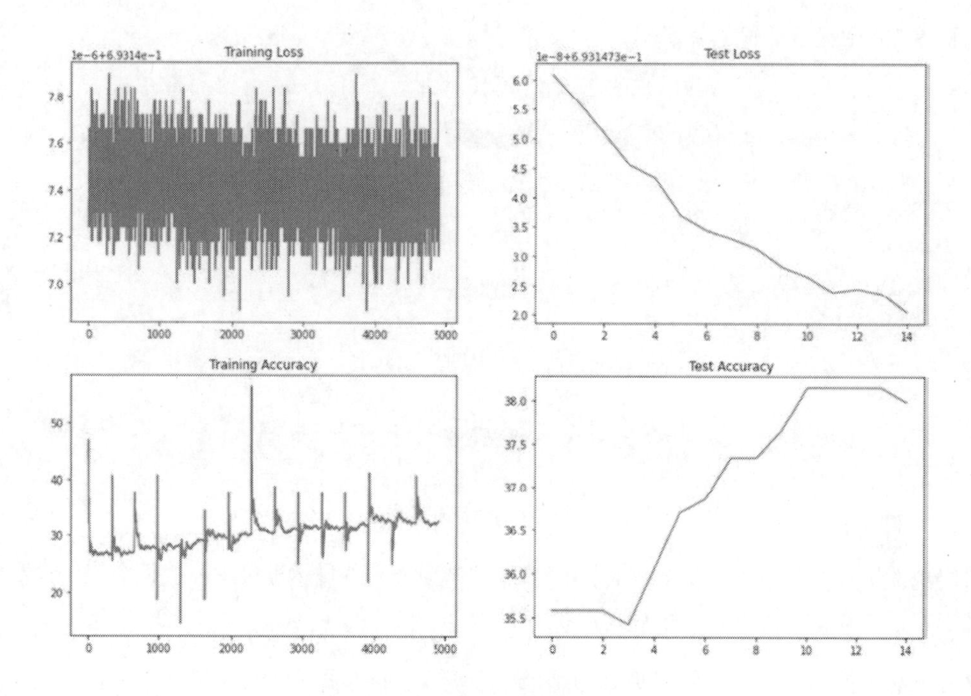

图 2-5 训练后的预期输出

从图 2-5 中可以看到，尽管测试准确率随着 epoch 的增加而有所提高，训练损失也一直在稳步下降，但并没有达到我们期望的状态。训练损失表明模型在实时运行时非常不稳定。是时候重新考虑我们的方法并在当前的工作流程上加以改进了。

2.3.7 基本模型的第二种变体

让我们从增强数据开始，看看是否能改变准确率。数据增强方法有许多，我们应该选择最符合业务需求的。我们需要小心，因为过度的增强可能会对优化产生影响。

让我们试验下面几种基础的增强方法：

- 使用颜色抖动来增强训练数据
- 随机翻转训练数据
- 随机旋转训练样本

只有一小部分产生了变化，大部分的工作流程都是保持不变的，所以我们不打算详细介绍全部代码。

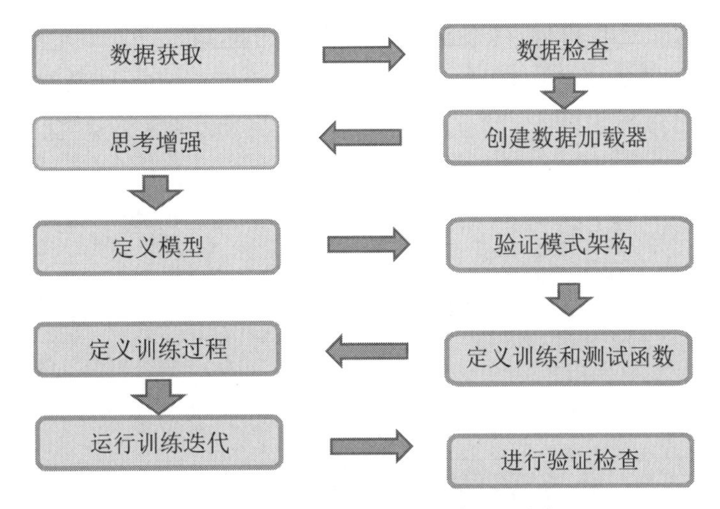

图 2-6　加入了数据增强的图像分类流程

到目前为止，我们已经实现了图 2-6 中标记为绿色的部分。在新的流程中，我们将专注于“思考增强”，这将有助于我们衡量增强技术的影响。

下面来看增强代码块：

```
train_transform = transforms.Compose([

    transforms.Resize(224),
    transforms.CenterCrop(224),
    transforms.ColorJitter(brightness=0.10, contrast=0.1, saturation=0.10, hue=0.1),
    transforms.RandomHorizontalFlip(),
    transforms.RandomRotation(10),
    transforms.ToTensor(),
    transforms.Normalize([0.485, 0.456, 0.406],
                         [0.229, 0.224, 0.225])
])
test_transform = transforms.Compose([
    transforms.Resize(224),
    transforms.CenterCrop(224),
    transforms.ToTensor(),
    transforms.Normalize([0.485, 0.456, 0.406],
                         [0.229, 0.224, 0.225])
])
```

数据增强流程被整合到 compose 函数中，因此我们无需更改代码中的数据加载部分。我们将复用 compose 函数中的代码，并在迭代过程中执行它。

在应用数据增强之后，我们在第 5 个 epoch 达到了 80% 的准确率，但在后续的训练过程中，准确率有所下滑。这体现了训练过程的波动性。损失出现了峰值。训练准确率的图表也反映了这些波动，因为数据经过了增强，但模型并不能高效地理解这些变化。

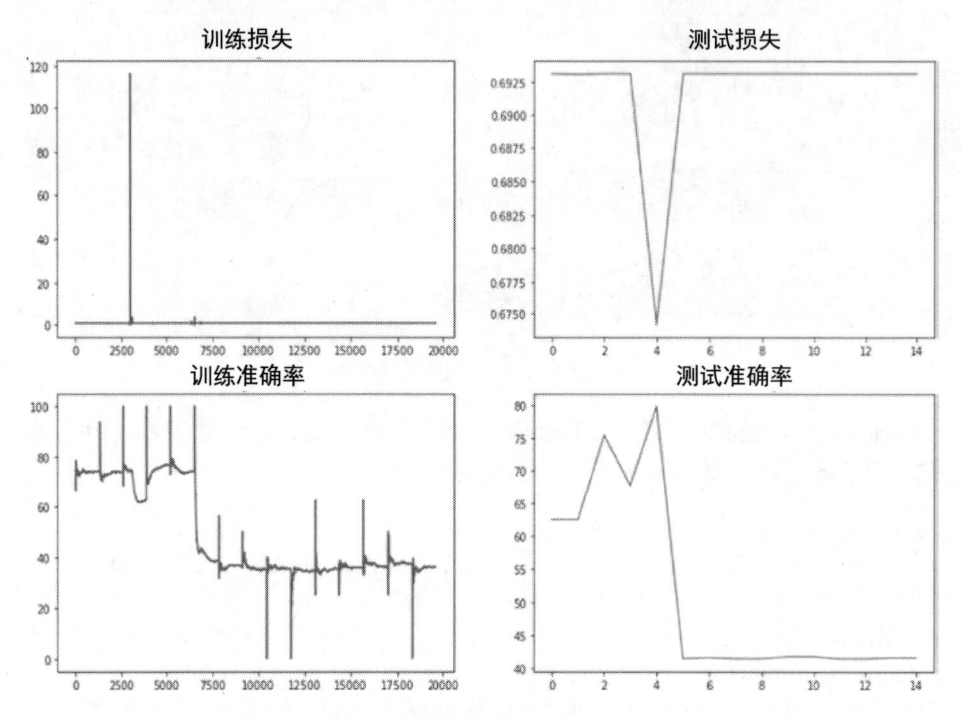

图 2-7 增强训练流水线的输出

从图 2-7 中，我们可以看到原本较高的准确率下降到了 42% 左右。把这个工作流的准确率与早期版本的结果进行比较，我们发现，这个工作流在数据增强的情况下表现得更好。

模型在接近饱和状态时准确率仍然低，并且鉴于它的波动，我们无法认为模型的行为是稳定的。因此，我们仍需要做出进一步的修改，寻求更好、更稳定的模型。

2.3.8 基本模型的第三种变体

在本节中，我们将回顾之前确定的工作流程，并对其进行修改。模型架构包含 11 个卷积块和 3 个最大池化层。在层的分布变化中也可能存在差异，这也被称为内部协变量偏移。现在，我们可以在网络架构中尝试应用批归一化。

如前文所述，批归一化调整了在各层中传递的输入的分布。分布的改变对所有前面的层都有级联效应。

我们将尝试在每个层定义之后和块的所有通道中都使用批归一化。如果有一个带有 16 个输出通道的卷积块，那就意味着我们需要对所有 16 个通道进行批归一化。到目前为止，我们已经完成了所有计算机视觉分类器模型的功能，如图 2-8 所示。我们将在这个工作流程的顶部添加批归一化，并保留上次迭代的所有内容。

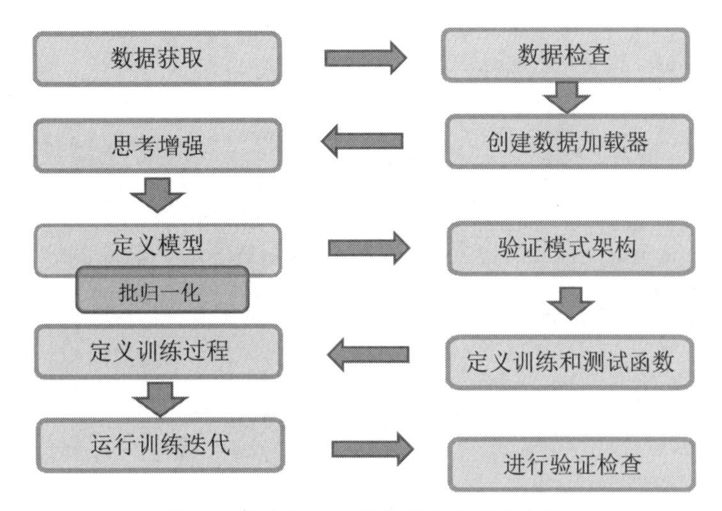

图 2-8 带有批归一化的图像分类流水线

让我们看一下这个模型的代码块：

```
class Net(nn.Module):
    def __init__(self):
        super(Net, self).__init__()
        # 输入块
        self.convblock1 = nn.Sequential(
            nn.Conv2d(in_channels=3, out_channels=8, kernel_size=(3, 3), padding=0, bias=False),
            nn.ReLU(),
            nn.BatchNorm2d(8)
        )
        self.pool11 = nn.MaxPool2d(2, 2)

        # 卷积块 1
        self.convblock2 = nn.Sequential(
            nn.Conv2d(in_channels=8, out_channels=16, kernel_size=(3, 3), padding=0, bias=False),
            nn.ReLU(),
            nn.BatchNorm2d(16)
        )
        self.pool22 = nn.MaxPool2d(2, 2)
        self.convblock3 = nn.Sequential(
```

```
        nn.Conv2d(in_channels=16, out_channels=10, kernel_size=(1, 1), padding=0, bias=False),
        nn.ReLU(),
        nn.BatchNorm2d(10),
    )
    self.pool33 = nn.MaxPool2d(2, 2)
    # 卷积块 2
    self.convblock4 = nn.Sequential(
        nn.Conv2d(in_channels=10, out_channels=10, kernel_size=(3, 3), padding=0, bias=False),
        nn.ReLU(),
        nn.BatchNorm2d(10)
    )
    self.convblock5 = nn.Sequential(
        nn.Conv2d(in_channels=10, out_channels=32, kernel_size=(1, 1), padding=0, bias=False),
        nn.ReLU(),
        nn.BatchNorm2d(32),
    )
    self.convblock6 = nn.Sequential(
        nn.Conv2d(in_channels=32, out_channels=10, kernel_size=(1, 1), padding=0, bias=False),
        nn.ReLU(),
        nn.BatchNorm2d(10),
    )
    self.convblock7 = nn.Sequential(
        nn.Conv2d(in_channels=10, out_channels=10, kernel_size=(3, 3), padding=0, bias=False),
        nn.ReLU(),
        nn.BatchNorm2d(10)
    )
    self.convblock8 = nn.Sequential(
        nn.Conv2d(in_channels=10, out_channels=32, kernel_size=(1, 1), padding=0, bias=False),
        nn.ReLU(),
        nn.BatchNorm2d(32)
    )
    self.convblock9 = nn.Sequential(
        nn.Conv2d(in_channels=32, out_channels=10, kernel_size=(1, 1), padding=0, bias=False),
        nn.ReLU(),
        nn.BatchNorm2d(10)
    )
    self.convblock10 = nn.Sequential(
        nn.Conv2d(in_channels=10, out_channels=14, kernel_size=(3, 3), padding=0, bias=False),
        nn.ReLU(),
        nn.BatchNorm2d(14)
    )
```

```
        self.convblock11 = nn.Sequential(
            nn.Conv2d(in_channels=14, out_channels=16, kernel_size=(3, 3), padding=0, bias=False),
            nn.ReLU(),
            nn.BatchNorm2d(16)
        )
        # 输出块
        self.gap = nn.Sequential(
            nn.AvgPool2d(kernel_size=4)
        )
        self.convblockout = nn.Sequential(
            nn.Conv2d(in_channels=16, out_channels=2, kernel_size=(4, 4), padding=0, bias=False),
        )

    def forward(self, x):
        x = self.convblock1(x)
        x = self.pool11(x)
        x = self.convblock2(x)
        x = self.pool22(x)
        x = self.convblock3(x)
        x = self.pool33(x)
        x = self.convblock4(x)
        x = self.convblock5(x)
        x = self.convblock6(x)
        x = self.convblock7(x)
        x = self.convblock8(x)
        x = self.convblock9(x)
        x = self.convblock10(x)
        x = self.convblock11(x)
        x = self.gap(x)
        x = self.convblockout(x)

        x = x.view(-1, 2)
        return F.log_softmax(x, dim=-1)
```

向模型块添加了批归一化之后，准确率就上升了。在第 10 个 epoch，测试准确率达到了最高点，接近 90%。之后，直到第 15 个 epoch，准确度都保持在 85% 左右。这对于理解类别间差异是一个巨大的提升。

还有一点需要检查。对于同一个处理器，我们预期每个 epoch 的时间消耗会增加，但考虑到它所带来的准确率的提升，时间消耗上的增加应该不是什么大问题。让我们来看看 PyTorch 的 summary 函数所描述的模型定义：

```
----------------------------------------------------------------
Layer (type)               Output Shape         Param #
================================================================
Conv2d-1               [-1, 8, 222, 222]             216
ReLU-2                 [-1, 8, 222, 222]               0
BatchNorm2d-3          [-1, 8, 222, 222]              16
MaxPool2d-4            [-1, 8, 111, 111]               0
Conv2d-5              [-1, 16, 109, 109]           1,152
ReLU-6                [-1, 16, 109, 109]               0
BatchNorm2d-7         [-1, 16, 109, 109]              32
MaxPool2d-8             [-1, 16, 54, 54]               0
Conv2d-9                [-1, 10, 54, 54]             160
ReLU-10                 [-1, 10, 54, 54]               0
BatchNorm2d-11          [-1, 10, 54, 54]              20
MaxPool2d-12            [-1, 10, 27, 27]               0
Conv2d-13               [-1, 10, 25, 25]             900
ReLU-14                 [-1, 10, 25, 25]               0
BatchNorm2d-15          [-1, 10, 25, 25]              20
Conv2d-16               [-1, 32, 25, 25]             320
ReLU-17                 [-1, 32, 25, 25]               0
BatchNorm2d-18          [-1, 32, 25, 25]              64
Conv2d-19               [-1, 10, 25, 25]             320
ReLU-20                 [-1, 10, 25, 25]               0
BatchNorm2d-21          [-1, 10, 25, 25]              20
Conv2d-22               [-1, 10, 23, 23]             900
ReLU-23                 [-1, 10, 23, 23]               0
BatchNorm2d-24          [-1, 10, 23, 23]              20
Conv2d-25               [-1, 32, 23, 23]             320
ReLU-26                 [-1, 32, 23, 23]               0
BatchNorm2d-27          [-1, 32, 23, 23]              64
Conv2d-28               [-1, 10, 23, 23]             320
ReLU-29                 [-1, 10, 23, 23]               0
BatchNorm2d-30          [-1, 10, 23, 23]              20
Conv2d-31               [-1, 14, 21, 21]           1,260
ReLU-32                 [-1, 14, 21, 21]               0
BatchNorm2d-33          [-1, 14, 21, 21]              28
Conv2d-34               [-1, 16, 19, 19]           2,016
ReLU-35                 [-1, 16, 19, 19]               0
BatchNorm2d-36          [-1, 16, 19, 19]              32
AvgPool2d-37              [-1, 16, 4, 4]               0
Conv2d-38                  [-1, 2, 1, 1]             512
================================================================
```

```
Total params: 8,732
Trainable params: 8,732
Non-trainable params: 0
----------------------------------------------------------------
Input size (MB): 0.57
Forward/backward pass size (MB): 16.86
Params size (MB): 0.03
Estimated Total Size (MB): 17.46
----------------------------------------------------------------
```

可以看到，在添加批归一化后，模型的大小从 12.23 MB 增加到了 17.46 MB。可训练参数的数量也从 8396 增加到了 8732。根据我们对批归一化概念的理解，可以看出每个通道的可训练参数将增加两个。模型的最后一层不应有任何批归一化或丢弃操作 (dropout)。

图 2-9 显示了模型训练过程中的准确率和损失。从训练损失图中可以看到，与没有应用批归一化的版本相比，波动明显减少了。测试的损失稳定在 0.35 到 0.60 这一范围内。虽然这个损失在一定范围内看起来是稳定的，但我们可以尝试使其进一步稳定。

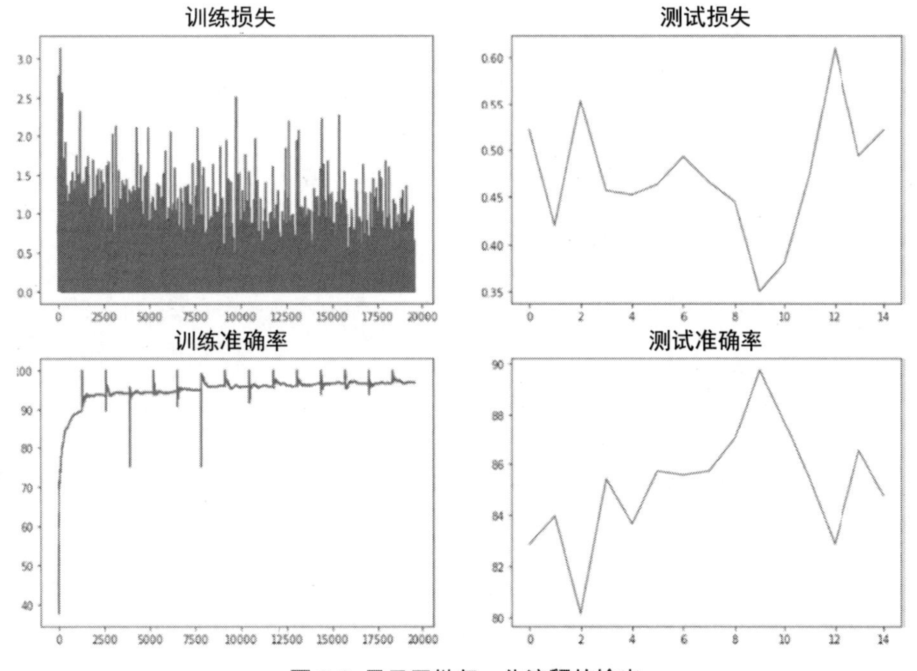

图 2-9 显示了批归一化流程的输出

现在，让我们对方法进行最后一次补充，看看是否有改进。

2.3.9 基本模型的第四种变体

现在，我们将尝试应用正则化，并观察测试数据集和训练数据集之间的损失差异。我们以一个基本模型作为起点，然后向训练集添加增强。增强后，我们尝试在更改的基础上运行批归一化并取得了好的结果。对于这个变体，我们将使用和第三种变体相同的工作流程并在其基础上添加正则化器。

图 2-10 显示了已完成的任务和待完成的任务 (正则化)。

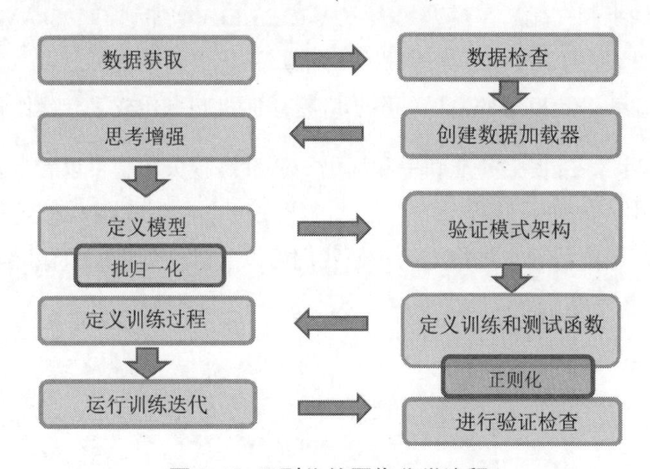

图 2-10 正则化的图像分类流程

我们需要在计算了损失后再将正则化器的代码块放在训练函数内部：

```
loss = F.nll_loss(y_pred, target)
        l1 = 0
        for p in model.parameters():
                l1 = l1 + p.abs().sum()
        loss = loss + lambda1 * l1
```

以上代码块展示了如何将正则化参数附加到训练函数中，并安排好训练。让我们来分析一下这种方法的结果。

图 2-10 展示了训练损失和测试损失的模式。如果我们将它与图 2-11 进行比较，会发现损失的波动较小。模式在第 4 个 epoch 的测试损失中有较大的偏置，但除此之外，它都比较稳定。我们可以根据需要更改正则化的强度并进行实验。

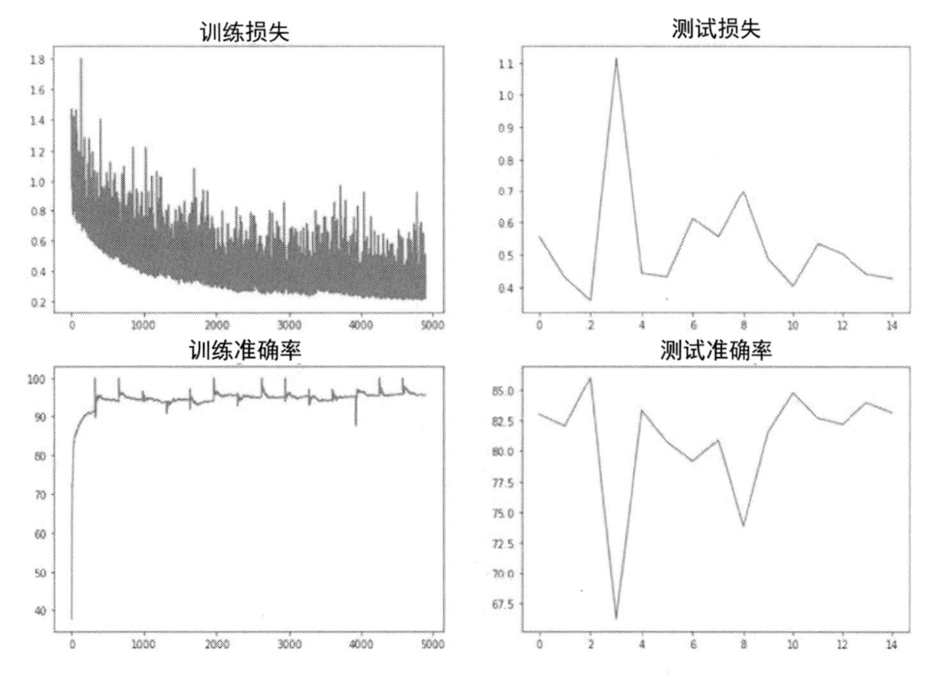

图 2-11 使用正则化的分类流程输出

2.7 小结

本章中，首先定义了一个基本模型并对数据进行了迭代。我们介绍了一些基础的增强技术，它们有助于创建与未来测试中可能分布相似的分布。这对构建和训练一个稳健的模型很有帮助。我们还探讨了归一化和正则化 (用于提高模型的准确率和稳定性)。

在下一章中，我们将研究基于本章所学概念的目标检测框架。这个图像分类网络是各种目标检测网络的基础。

第 3 章

构建目标检测模型

目标检测是当前最热门的技能之一。一张图像中可以有多个类别的目标。因此，仅对某个目标进行分类只能解决部分问题。另一部分问题在于目标的定位。目标检测可以帮助我们识别出图像中某个类别的目标的位置，并用边界框进行标记。边界框可以进一步用于各种子任务。比如，当交通摄像头需要检测和识别车辆的时候。

交通摄像头需要检测车辆和车牌，然后从车牌上读取数字以识别车主。这个并不简单，我们需要带有标注的注册数据。一个简单的分类卷积神经网络模型无法解决这个问题。我们需要获取车牌的边界框，然后在其中寻找字母和数字字符，这需要一系列数据清洗、去噪和超分辨率步骤来完成。

近年来，目标检测领域的发展非常迅速。我们可以把众多目标检测方法的发展历程划分为 2012 年 (也就是 AlexNet 出现) 之前和 2012 年之后两个时期。2012 年以前的时期包括了如 HOG(方向梯度直方图)、Haar 级联、SIFT(尺度不变特征转换) 的一些变种以及 SURF(加速稳健特征) 等多种目标检测算法。在 2012 年之后，则出现了 RCNN(基于区域的卷积神经网络) 及其快速和更快版本、YOLO(You Only Look Once) 和 SSD(单发多框检测) 等方法。

接下来，我们将简要介绍 2012 年之前出现的 Haar 级联方法，以理解基于机器学习的目标检测技术的背景。使用 Haar 级联时，我们需要使用图像的特征，而不是更细粒度的像素。Haar 级联在 2001 年提出，尽管已经有些年头，但它仍然是最快的方法之一。

3.1 使用 Boosted Cascade 进行目标检测

Boosted Cascade 主要用于检测人脸，但它也可以用于其他目标检测任务。它由三部分组成——积分图像 (integral image)、用于选择特征的提升算法 (boosting algorithm) 以及级联分类器 (cascade classifier)。

首先，输入图像需要被转换为积分图像。积分图像可以通过简单的计算得到。

图 3-1 中的图像展示了三种主要的特征提取器：边缘提取器、线提取器和矩形提取器。利用这些特征提取器，我们需要选出图像中的特征，然后使用提升算法选出需要的特征。自适应增强算法 (adaptive boosting algorithm) 可以呈现出一组重要的特征，这有助于更快地进行人脸识别。

积分图像是获取特征提取的中间步骤，取给定像素点左侧和上方的所有像素值之和即可，如图 3-2 所示。

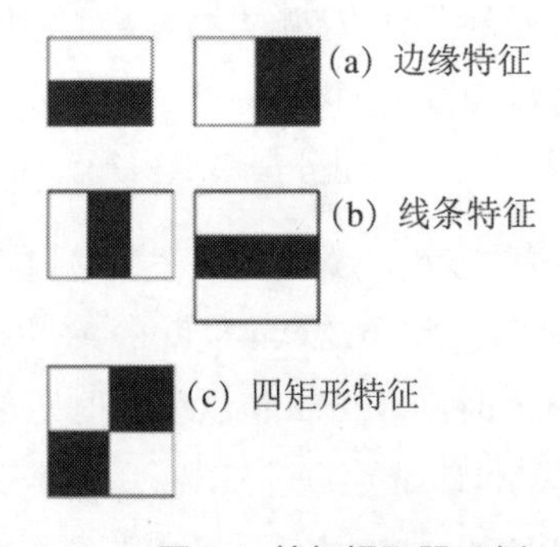

图 3-1 特征提取器示例

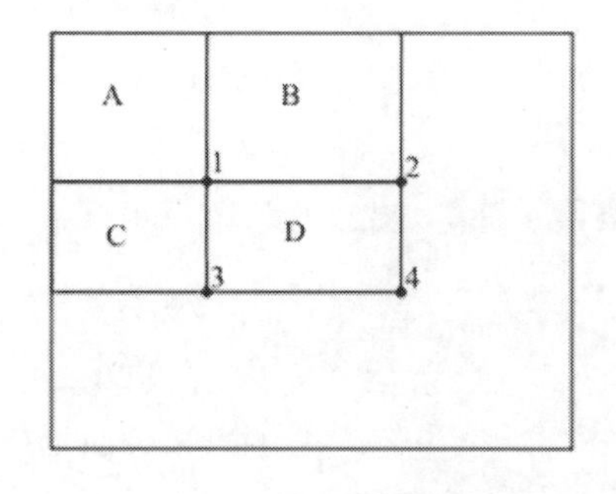

图 3-2 中间步骤

积分图像的计算过程如下：

位置 1 = 矩形 A 的像素值之和 (左上方)

位置 2 = 矩形 A + B 的像素值之和

位置 3 = 矩形 A(上方) + C(左侧) 的像素值之和

位置 4 = (位置 4 + 位置 1 的像素值之和) － (位置 2 + 位置 3 的像素值之和)

提取的特征与正样本和负样本进行比较，最终选择最佳的特征。对正样本和负样本的训练分类器由弱分类器组成。在进行人脸检测时，通过使用一系列弱分类器的提升算法，我们能从高达 16 万个的特征中识别出 6000 个有用的特征。最后，由级联分类器帮助进行类别检测。

注意力级联 (attentional cascade) 能够帮助减少计算时间并提高检测器的效率。该方法将图像划分为多个子窗口，然后依次使用弱分类器对它们进行处理。每个分类器都会尝试使用选择的特征来检查目标是否存在。任何一个弱分类器失败，后续所有的分类器都会停止当前子窗口的处理，然后顺序移动到下一个子窗口，以此类推。如果所有分类器都能投票确定所需目标的存在并获得边界框，则表明检测成功了。

现在，让我们通过一段 Python 代码使用现有模型来检测人脸和眼睛。

首先，导入以下包：

```
import cv2
import gc
```

以下函数将从摄像头获取输入帧并对其进行缩放，以适应模型。由于彩色图像不会带来任何差异，所以我们将使用灰度图像。首先，检测人脸，然后对检测到的每张人脸使用另一个眼睛检测器来定位眼睛。

下面是处理人脸和眼睛级联的函数：

```
def detect_face_eye(frame):
    ## 归一化并转换颜色为灰度
    frame_to_gray = cv2.equalizeHist(cv2.cvtColor(frame, cv2.COLOR_BGR2GRAY))
    ## 应用程序应能够识别出图像的不同比例
    detected_faces = face_cascade.detectMultiScale(frame_to_gray)
    for (x,y,w,h) in detected_faces:
        center_face = (x + w//2, y + h//2)
        ## 画一个椭圆
        frame = cv2.ellipse(frame, center_face, (w//2, h//2), 0, 0, 360, (125, 125, 125), 6)
        face_regionofinterest = frame_to_gray[y:y+h,x:x+w]
        # 检测眼睛 - 每个检测到的面孔
        ## 类似的多尺度操作
        detected_eyes = eyes_cascade.detectMultiScale(face_regionofinterest)
        for (x2,y2,w2,h2) in detected_eyes:
            center_eye = (x + x2 + w2//2, y + y2 + h2//2)
            radius = int(round((w2 + h2)*0.25))
            ## 画一个圆
```

```
        frame = cv2.circle(frame, center_eye, radius, (255, 255, 255 ), 4)
    cv2.imshow('--Face Detection--', frame)
```

可以在 OpenCV 管理员提供的 GitHub 存储库中找到这些模型：https://github.com/opencv/opencv/tree/master/data/haarcascades。这段代码使用了两个模型，一个用于检测人脸，另一个用于检测眼睛。此外，存储库中还有其他的模型供你自行实验。该函数还会访问连接到系统的摄像头并使用它们进行人脸扫描。

现在，让我们运行这个函数，以启动人脸和眼睛的检测过程：

```
## 保存的 xml 路径
face_cascade_name = r' ..\chapter 3\frontal_face_alt.xml'
eyes_cascade_name = r' ..\chapter 3\eye_cascade_model.xml'
## 初始化用于检测的级联
face_cascade = cv2.CascadeClassifier()
eyes_cascade = cv2.CascadeClassifier()
## 加载级联，先加载面部级联，然后加载眼睛级联
face_cascade.load(cv2.samples.findFile(face_cascade_name))
eyes_cascade.load(cv2.samples.findFile(eyes_cascade_name))
camera_device = 0
## 启用视频处理
capture_cam_img = cv2.VideoCapture(camera_device)
## 启用分类器对脸部进行操作
if capture_cam_img.isOpened :
    while True:
        ret, frame = capture_cam_img.read()
        detect_face_eye(frame)
        ## 当按下 ESC 键时，关闭 CV 视频感测
        if cv2.waitKey(10) == 27:
            cv2.destroyAllWindows()
            gc.collect()
            break
```

对结构化目标检测有了一些了解之后，是时候转向另一种更先进的目标检测技术了。接下来，我们将探索 R-CNN。

3.2 R-CNN

长期以来，目标都是通过图像分割来区分的。然而，图像的层次结构性质最终成为开发者的瓶颈。假设我们想在庞大的车流中定位一辆车中的一个人。我们可以使用穷举搜索机制去逐一检查每一辆车，找到这个人的确切位置，但这样做计算量太大，不切实际。

一篇题为 Selective Search for Object Recognition(为目标识别进行选择性搜索) 的论文试图解决这些问题，特别是关于生成目标位置的问题。它兼顾了两个方面的优点——分割和穷举搜索。接下来将介绍选择性搜索机制是如何工作的。

以下是算法的工作方式。

1. 算法使用高效的基于图的分割来生成初始区域。

2. 在第二阶段，算法尝试将相似的区域分组，以在输入图像中生成片段。对于创建出来的所有区域，算法会计算它们与所有相邻区域的相似性得分。最相似的两个区域被合并，然后重新计算相似性得分。这个过程将一直重复，直到整个图像被这种操作覆盖。

3. 选择过程很复杂。它使用多种策略将相似的区域聚在一起。如果两个区域正在被合并，那么这些区域的特征可以通过层次结构进行传播。

4. 选择标准取决于互补色空间，算法在多种空间 (包括寻找互补色空间) 中进行层次分组。总体而言，四种快速且高效的策略有助于算法的实现。

这个算法的主要目标是找到多样化而又互补的特征，根据各自的策略来对区域进行分组。

HOG(Histogram of Oriented Gradient，方向梯度直方图) 和 SIFT(scale-invariant feature transform，尺度不变特征转换) 是目标检测领域的先驱。认识到视觉任务的复杂性后，人们开发出了一种新的方法。

3.2.1 区域候选网络

图 3-3 描述了使用区域候选网络进行目标检测的各个步骤。让我们来探索一下这几个重要的步骤。

1. 生成图像的分割和多个候选区域。

2. 使用贪婪学习算法 (greedy learning algorithm) 以递归方式将相似的区域组合并成更大的区域。

3. 将带有候选区域的图像送入预先设置好的用于分类物体的卷积神经网络架构中。

4. 在使用标准的 R-CNN(Region-based Convolutional Neural Networks，区域卷积神经网络) 时，如果使用的是 AlexNet 模型，那么输入到网络的图像大小 (或称形状) 是 227×227 像素。

5. 大约 2000 个区域被发送到 AlexNET，并输出 4096 个向量。

6. 提取的特征根据在特定类别训练的支持向量机 (SVM) 来进行评估。

7. 在所有区域都评分完毕后，就对已分类的区域执行非极大值抑制 (NMS)[①] 算法。它会筛除与其他区域重叠并且交并 (IOU)[②] 比较高的区域，从而为那些分数超过阈值并且覆盖区域更大的区域腾出空间。

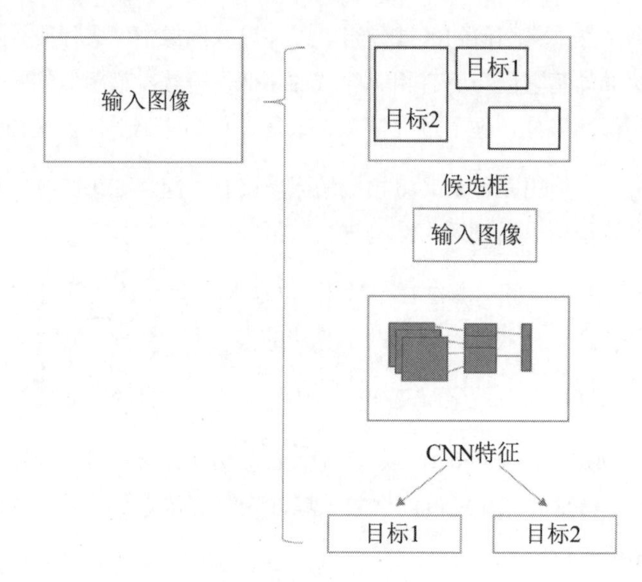

图 3-3 通过候选框进行目标检测

有趣的是，当算法定位到大约 2000 个感兴趣的区域时，它会从这些候选区域生成扭曲的图像内容。由于卷积块需要固定的维度，因此需要对信息进行空间扭曲后再传递。

每个区域接着由支持向量机进行分类。此外，算法会执行回归操作，以校正或预测最初预测的边界框的偏移。在进行下一步之前，让我们先来回顾两个以后会经常接触的重要概念。

- 非极大值抑制 (non-max suppression)　在目标检测算法中，常常会出现一个目标周围有多个重叠的边界框的情况。分类器通常需要为不同尺寸的感兴趣区域 (regions of interest) 生成概率分数。为了解决选择最佳边界框的问题，算法会使用分类信息和目标的覆盖率。

① 译注：搜索局部最大值，抑制 (筛除) 非极大值。NMS 在计算机视觉任务中有广泛的应用。
② 译注：全称为 intersection over union，该术语用于描述两个框的重叠程度。重叠区域越大，iou 越大。

- 交并比 (intersection over union，IoU)。用于选择与真实边界框最相似的边界框。当处理图像分类时，我们试图将图像映射到它们各自的类别。同样，对于目标检测，需要手动绘制边界框以定位不同的目标和类别。这个公式给出了交集与并集的比率。IoU 的公式如下：

$$\text{IoU}=\frac{(\text{边界框1})\cap(\text{边界框2})}{(\text{边界框1})\cap(\text{边界框2})}$$

图 3-4a 中，有两个重叠的边界框，其中一个是真实的边界框，另一个是预测的边界框。图 3-4b 展示了两个边界框重叠的区域。

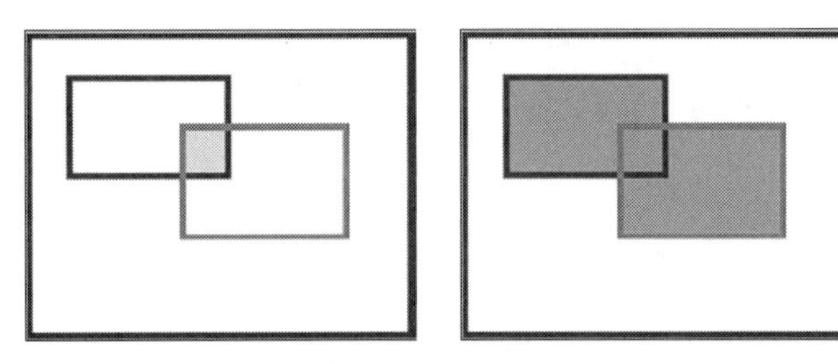

图 3-4a　边界框相交　　　　图 3-4b　边界框并集

总的来说，这个算法可以处理许多与目标检测有关的问题，发布之初，它被认为是最具革命性的算法之一。但它并非完美无缺。让我们深入探究一下它的一些明显的缺点。

- 借助复杂的图像处理技术，模型会生成 2000 个感兴趣区域[①]。所有这些区域都需要通过支持向量机进行分类。这个过程涉及了大量的计算。
- 大多数算法在进行预测时，都需要花费很长时间来对图像进行分类和处理。如果我们处理的是实时解决方案，则几乎不可能将这个模型用作算法。
- 训练发生在卷积部分，分类器和回归被用于校正边界框参数。
- 在算法的初始部分，使用选择性搜索机制来划分相似区域，并协同生成感兴趣区域。整个过程都建立在复杂图像处理技术的结合上。然而，这个过程不涉及学习，因此改进的空间很有限。

在解决目标检测中的问题时，R-CNN 也带来了一系列有待解决的问题。于是，进阶版的基于区域的目标检测网络应运而生，称为“快速区域卷积神经网络”(Fast R-CNN)。

① 译注：原文为 region of interest，编写为 ROI，指数据集中为特定目的给出的样本。

3.2.2 快速区域卷积神经网络

为了设置背景，假设我们需要对一张图像进行目标检测，按照简单的区域卷积神经网络的做法，它将在简单图像之上生成感兴趣区域。这会产生大量的组合。但如果能将图像缩小到较小的尺寸(以 (x, y) 为单位)，我们仍然可以获取包含正确目标信息的图像部分。这最终关系到我们如何向后续各层传递信息以及成本函数。Fast R-CNN 可以实现更快的操作。

图 3-5 描绘了基于一个感兴趣区域的工作流程。该架构对输入数据执行卷积操作，从而减少了计算量。

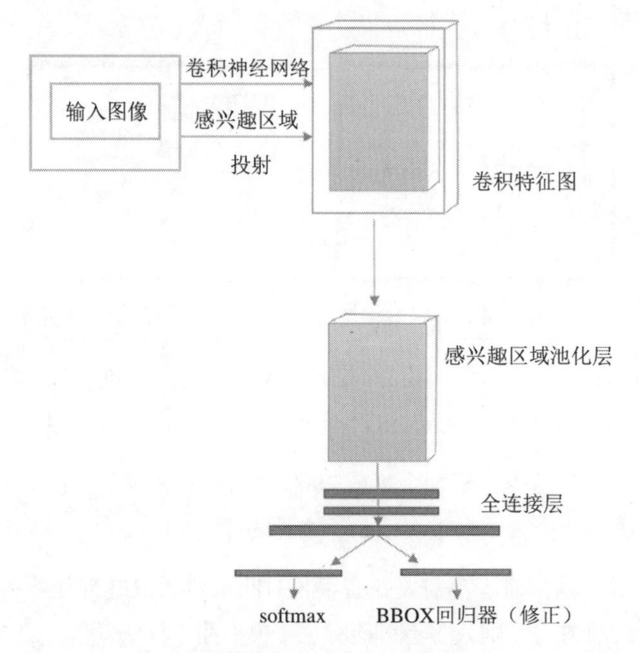

图 3-5 Fast R-CNN 架构

快速区域目标检测涉及以下步骤。

1. 通过多次卷积和池化操作创建特征图。
2. 由于全连接网络需要固定维度的向量，所以感兴趣区域的池化层提取的是固定长度的向量。
3. 每个特征向量都输入到全连接网络中，该网络再次连接到输出层。

4. 第一个连接层包括 softmax 概率计算，涵盖 n 个目标类别以及一个用于背景或未知类别的额外类别。

5. 输出的第二层为每个目标类别预测四个实数。每一组都定义了响应类别的校正边界框值。

我们介绍过的每一种架构都使用选择性搜索算法来找到感兴趣区域。但这种方式存在两个问题。首先，这个复杂的计算机视觉过程并没有学习到数据的任何变化，因为它有一套固定的指令来识别这些区域。其次，选择性搜索是一个缓慢而耗时的过程。所幸的是，这些问题在算法的升级版本——Faster R-CNN 中得到了处理。

3.2.3 候选区域网络的工作原理

后来，一个扩展性的想法被提出并得到了实现，即使用神经网络而不是选择性搜索机制来预测候选区域。候选区域网络有助于识别图像中的边界框，然后将同一区块发送给卷积神经网络，以生成特征图。

最终，损失函数将在特征图上进行训练，网络权重也会相应地调整以适应训练。让我们逐步浏览这个过程。

1. 首先，输入的图像被传入一个卷积块，以生成卷积特征图。

2. 候选区域网络在每个位置上对特征图使用滑动窗口 (sliding window)。

3. 对于每个特征图位置，网络使用 9 个锚框 (anchor box)[①]，这些锚框具有 3 种不同的尺寸和 3 种不同的长宽比 (1:1、1:2、2:1)，有助于生成候选区域。

4. 分类层会对每个锚框进行评估，判断其内是否存在目标，并输出评估结果。

5. 回归层将指明锚框的坐标。

6. 锚框被传送到 Fast R-CNN 架构中感兴趣区域的池化层。

我们使用神经网络来学习候选区域的位置以及如何根据数据进行调整。这也使得整个过程比之前快了许多。图 3-6 展示了 Faster R-CNN 在原始研究论文中的架构。

Faster R-CNN 网络包含一个创新的概念，即候选区域网络，它能够学习边界框并可以将其泛化。这种网络主要有三种类型。

---

① 译注：在目标检测算法中，预定义的一组边界框，用于检测和定位目标物体。

- Head：可以是 ResNet 架构，其目的是生成特征图。
- 候选区域网络：为分类器和回归器生成感兴趣区域。
- 分类网络 / 回归网络：处理目标的分类和目标性或处理边界框坐标的正确性。

图 3-7 描绘了 Faster R-CNN 的基本层。为了增强对各层的理解，我们将进一步探索它们。

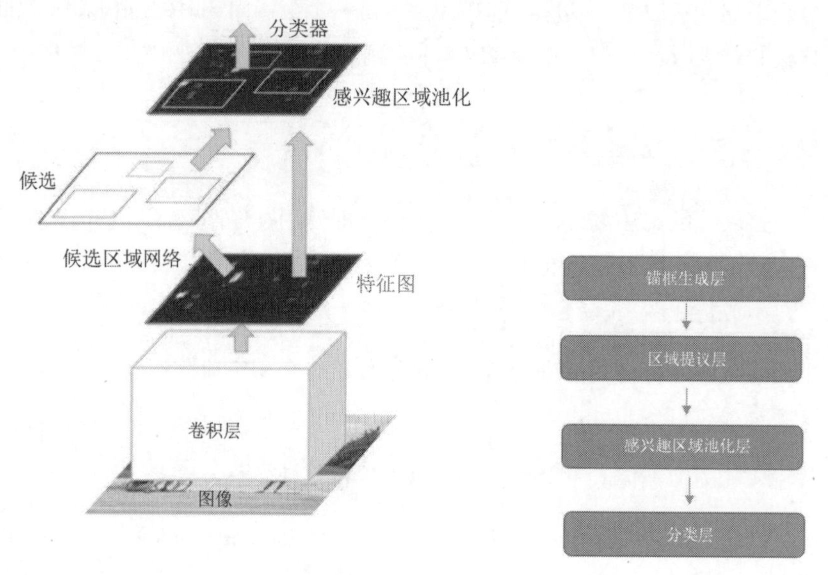

图 3-6 Faster R-CNN 网络

图 3-7 Faster R-CNN 流程图

3.2.4 锚框生成层

这一层生成一系列具有不同尺寸和长宽比的边界框，以覆盖大部分图像区域。边界框或锚框将覆盖图像及其内部的目标。然而，这些框对内容不敏感，并且它们的形状和大小在整个过程中都保持一致。最终，候选区域网络处理并识别出哪个边界框最合适。通过微调，可以得到更好的边界框。

由于预测这些坐标存在一些问题，因此还有一种方法是以一个参考框作为边界框的标准。将四个参数 (边界框中心点的横坐标和纵坐标以及边界框的宽度和高度) 用作参考框，然后尝试预测和修正偏移值以使其更好地拟合。偏移值适用于全部四个参数。

3.2.5 候选区域层

候选区域网络通过改变锚框的位置、宽度和高度来更好地拟合目标。这一层可以被认为是候选区域网络、候选层、锚框目标层 (anchor target layer) 和候选目标层 (proposal target layer) 的组合。

- 候选区域网络：这一层使用特征图并将其输入到卷积神经网络中。输出然后传递到两个 1×1 卷积层，以生成与边界框、类别评分和概率相对应的回归系数。
- 候选层：这一层获取大量锚框并通过非极大值抑制 (non-max suppression，NMS) 方法，根据前景分数将它们减少到适当的数量。它还使用区域候选网络生成的系数更改边界框的坐标。
- 锚框目标层：这一层帮助选择锚框，帮助 RPN 区分前景和背景。

RPN 的损失函数是分类和回归损失的结合。

$$\text{损失}=\text{回归损失}_{\text{边界框}}+\text{分类损失}$$

总的来说，Faster R-CNN 有一个基于卷积神经网络的图像特征提取器和用于生成感兴趣区域的候选区域网络。我们有 ROI(感兴趣区域) 将图像转换为下一层所需的固定尺寸，最后传递到分类和回归层。这有助于让锚框更好地拟合目标，并区分前景和背景。

3.3 Mask R-CNN

这是建立在 Faster R-CNN 现有成果上的扩展，能在检测到的目标物体上预测掩膜 (mask)。在 ROI 池化层之后，有两个额外的卷积神经网络被用于添加掩膜。Mask R-CNN 还引入了 ROI 对齐 [①] 技术，它有助于更好地将提取的特征与输入对齐，并避免 Faster R-CNN 中经常出现的形变。它使用双线性插值来获取输入区域的精确值，或接近精确的值。

所有这些目标检测方法中都有一个重要步骤，那就是使用锚框。我们将深入研究 YOLO 在此基础上增加的一些额外的改进。

① 译注：ROI Align，首先在 mask RCNN 中引入，用于解决 ROI 池化中的数据丢失问题，它在计算过程中会用到所有的数据。

必备知识

标注 (annotation)，在分类问题中，需要根据图像所属的类别对它们进行排序或整理。同样，在目标检测问题中，需要用恰当的边界框标注图像，这个边界框通常被称为"真实边界框"。边界框的作用是指出目标的坐标和封闭在边界框中的目标物体的类别。图 3-8 显示了已标注的图像的一个实例，它被用于训练分类器确定鸟类的位置。

图 3-8 带有标注的鸟类

通常，标注是由人工来完成的，有时还需要进行多次人工标注，以获得无偏的真实边界框。不过，如果只是为了练习，可以使用任何开源的数据。

- 建议使用 GPU：在执行需要训练并进行推理的计算机视觉任务时，建议使用支持 CUDA 的 GPU 核心来加快处理速度。
- 需要安装具有 CUDA 功能的 Torch 框架：我们还需要在系统上安装 PyTorch，如前一章所述。

3.4 YOLO

能够实时辅助推理的目标检测算法有极大的市场需求。Faster R-CNN 非常接近这一目标，它能够处理 2000 个边界框预测，并且采用了传统的计算机视觉方法。尽管与其前身相比，Faster R-CNN 已经有了显著的改进，但仍然存在改进的空间。

革命性的 YOLO(You Only Look Once) 算法能够每秒处理 45 帧图像 (在英伟达的 Titan X GPU 上)。早先的模型在许多层 (例如锚框生成层、候选区域层、分类和边界框校正) 上花费了过多的时间进行训练和预测。而 YOLO 试图让一个卷积神经网络块去预测边界框和类别，以减少计算时间。它有更通用的训练方式，并且它是从整个图像中提取信息，而不是将将图像分割成若干个小块分别处理。这些因素使得 YOLO 超越了那些试图完成同样的事情的前辈。

图 3-9 展示了 YOLO 的架构，它受到了 GoogleNet 图像分类架构的启发。输入层显示的维度为 448×448×3。该网络包含 24 个卷积层和最大池化层，还有两个全连接层。

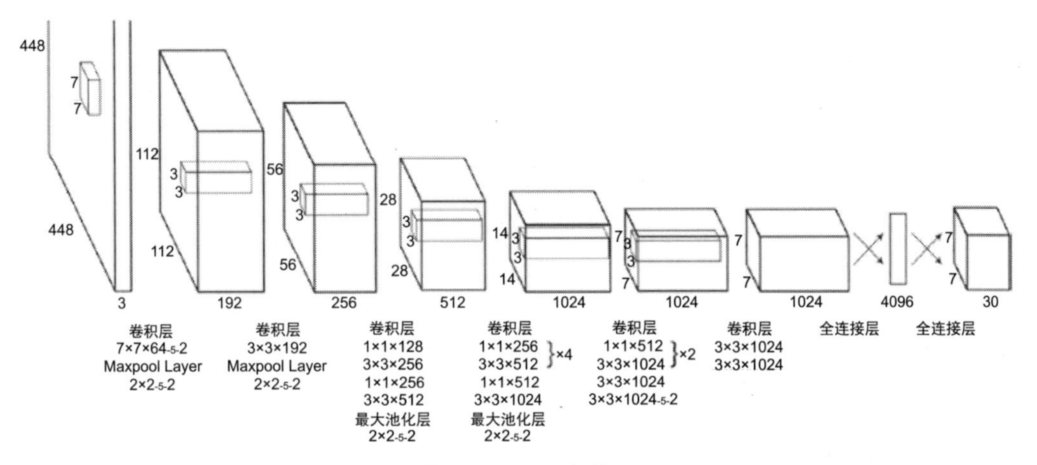

图 3-9 YOLO 架构

训练过程相当昂贵，所以从零开始训练一个目标检测模型需要有好的管理。对于这个给定的架构，训练是以两种方式进行的。首先，该模型在 ImageNet 数据上进行训练，涉及前 20 个卷积层，然后进行平均池化以使数据的维度与全连接网络匹配。这个训练阶段持续一周，以达到 88% 的准确率。

这个预训练网络添加了 4 个卷积层和 2 个全连接层，以得到最终检测到的目标。输入维度也从 224×224 增加到了 448×448，这有助于提高检测能力。最后一层负责预测分类得分和边界框坐标。边界框的宽度和高度都进行了归一化处理。

图 3-10 展示了用于优化分类和回归的损失函数。每一个锚框都有一个目标性评分 (objectness score)，4 个对应于归一化边界框的坐标以及最高的类别概率或分数。虽然这些改动效果显著，但仍需要进一步完善。让我们来看看 V2 和 V3 的更新，后者是最受欢迎的模型之一。

$$
\begin{aligned}
&\lambda_{\text{coord}} \sum_{i=0}^{S^2} \sum_{j=0}^{B} \mathbb{1}_{ij}^{\text{obj}} \left[(x_i - \hat{x}_i)^2 + (y_i - \hat{y}_i)^2 \right] \\
&+ \lambda_{\text{coord}} \sum_{i=0}^{S^2} \sum_{j=0}^{B} \mathbb{1}_{ij}^{\text{obj}} \left[\left(\sqrt{w_i} - \sqrt{\hat{w}_i} \right)^2 + \left(\sqrt{h_i} - \sqrt{\hat{h}_i} \right)^2 \right] \\
&+ \sum_{i=0}^{S^2} \sum_{j=0}^{B} \mathbb{1}_{ij}^{\text{obj}} \left(C_i - \hat{C}_i \right)^2 \\
&+ \lambda_{\text{noobj}} \sum_{i=0}^{S^2} \sum_{j=0}^{B} \mathbb{1}_{ij}^{\text{noobj}} \left(C_i - \hat{C}_i \right)^2 \\
&+ \sum_{i=0}^{S^2} \mathbb{1}_{i}^{\text{obj}} \sum_{c \in \text{classes}} (p_i(c) - \hat{p}_i(c))^2
\end{aligned}
$$

图 3-10 YOLO 损失函数

3.5 YOLO V2/V3

YOLO 的改进非常显著，V2 对方法进行了微调，使其得到了更高的效率。以下是第二版中解决的一些关键问题。

- 由于卷积层的深度，总是存在梯度消失或梯度爆炸的风险。为此，第二版添加了批归一化来帮助解决学习过程中的内部协变量偏移。
- 为每个锚框预测类别和目标。
- 预测每个锚框的 5 个边界框和每个边界框的 5 个坐标。
- 模型的架构有了重大变化，它移除了全连接层并将锚框用作替代，以预测边界框。
- 锚框是通过对真实边界框进行聚类来确定的。

尽管 YOLO 模型已经有了多次改进，但研究人员还是发现可以通过一些更改来进一步提高模型的准确率。他们完成了这些改进，并将新版本命名为 YOLO V3。可以说，它是最受欢迎的目标检测架构之一。YOLO 使用 softmax 层来获取最终的分类得分，但 YOLO V3 则不然，它选择使用的是独立的逻辑回归或对输入进行多标签分类。值得一提的是，它还移除了池化层，改为使用步长为 2 的 3×3 卷积来降低维度。

YOLO V3 架构在损失函数上也进行了调整，它输出三个主要的预测结果：边界框的坐标、目标性值以及类别得分。在 YOLO V3 架构中，最受欢迎的基础网络架构是 Darnet53，它包含 53 层卷积块，如图 3-11 所示。它使用包含 3×3 和 1×1 卷积层的残差网络来获取用于进行目标检测和分类的特征。总的来说，这些改变对提高模型的准确性和优化模型的架构起到了重要的作用。

	Type	Filters	Size	Output
	Convolutional	32	3×3	256×256
	Convolutional	64	3×3 /2	128×128
1×	Convolutional	32	1×1	
	Convolutional	64	3×3	
	Residual			128×128
	Convolutional	128	3×3 /2	64×64
2×	Convolutional	64	1×1	
	Convolutional	128	3×3	
	Residual			64×64
	Convolutional	256	3×3 /2	32×32
8×	Convolutional	128	1×1	
	Convolutional	256	3×3	
	Residual			32×32
	Convolutional	512	3×3 /2	16×16
8×	Convolutional	256	1×1	
	Convolutional	512	3×3	
	Residual			16×16
	Convolutional	1024	3×3 /2	8×8
4×	Convolutional	512	1×1	
	Convolutional	1024	3×3	
	Residual			8×8
	Avgpool		Global	
	Connected		1000	
	softmax			

图 3-11 Darknet 53 架构

下面来看一些使用现有模型并针对自定义数据集对其进行调整的代码。为什么不从头开始训练呢？首先，因为这些都是计算密集型的模型，而 GPU 容量并不总是足以让我们从头开始训练。其次，使用训练好的权重并相应进行调整是一种学习经历。我们将反复提到一个术语，即“迁移学习”(transfer learning)。

3.6 项目代码片段

下面的代码片段改编自 YOLO 的原作者约瑟夫 • 雷德蒙 (Joseph Redmon) 和阿里 • 法哈蒂 (Ali Farhadi)，源代码的所有权归他们所有。尽管从头开始训练相当复杂，但我们还是可以试着使用既有的开源模型来在这个数据上进行迁移学习。如果原始模型训练的类别与我们正在使用的类别很接近，也可以使用现有的模型在我们的数据上进行推理。

我们需要遵循原作者的文件夹设置，因为我们将使用既有模型来自定义训练数据。如图 3-12 所示，如果有任何变化，应根据 data 文件夹下的配置文件来修改文件或文件夹的路径。

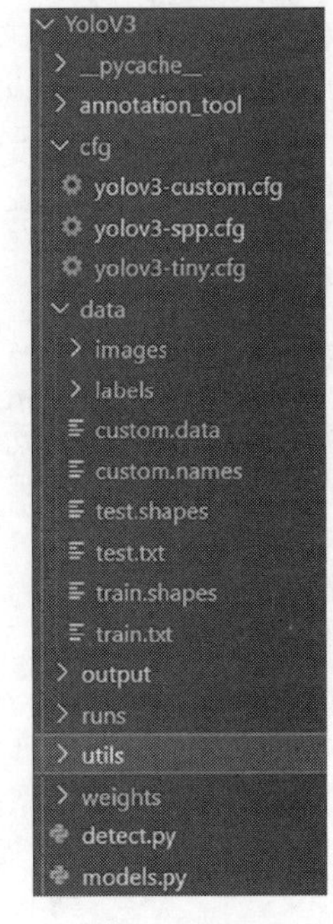

图 3-12 YOLO 的文件夹结构

步骤 1：获取带有标注的数据

在我们想要训练自定义数据的目标检测算法时，图像标注是最重要的先决条件之一。它们通过分类和回归损失函数来帮助模型学习。它们有人工设定的真实边界框。我们可以在多个开源位置上标注图像。标注工具通常有一个标注器在图像上方绘制某一形状的边界框。这些程序允许我们根据使用的模型来下载标注 (以 JSON、CSV 或 VOC/COCO 格式)。训练和自定义数据是对齐的。

对标注者来说，标注的准确性和真实性极其重要。由于这是一项手动且重复性的任务，所以要做得尽善尽美。最后，需要下载生成的文件并将其放入 data 文件夹。举例来说，每个图像可能看起来都是这样的：

```
0 0.41833333333333333 0.2112676056338028
0.2011111111111111 0.2007042253521127

2 0.43777777777777777 0.3970070422535211
0.11555555555555555 0.15669014084507044

1 0.38722222222222225 0.6813380281690141
0.47 0.4119718309859155
```

现在，我们已经整合了新文件，接着来看看如何更改数据文件。在图 3-12 中，data 文件夹下主要包含 labels 和 images 两个子文件夹。images 文件夹包含原始图像，它们的名称与对应的标注文件一致。文本文件需要包含标注信息并被放入 lables 文件夹中。这些文件可以是文本文件或者 JSON 格式的文件。

完成这些步骤后，检查自定义数据文件，其中要更新的信息包括训练和测试文件信息的存储位置。我们需要提供两种信息：标签和图像的路径以及实际的图像。自定义 data 文件可能是下面这样的：

```
classes=4
train=data/train.txt
valid=data/test.txt
names=data/custom.names
```

这提供了关于数据及其位置的相关信息。完成这一步之后，我们需要在自定义名称文件中提供类名，比如：

```
hardhat
vest
mask
boots
```

这个文件将前面提到的数字与类别名称进行关联。如前所述，我们需要含有图像路径的 train.txt 文件和 test.txt 文件。这些文件应包含运行训练函数所需要的相对路径。

还有其他文件，如训练和测试形状 (train.shapes 和 test.shapes)，其中包含所有文件的形状，我们可以根据输入数据进行更改。

之后，我们需要从源地址和原作者处下载预训练的权重，网址为 https://pjreddie.com/darknet/yolo/。根据执行项目的人所用的 GPU 性能，有各种不同的选择。权重和配置文件是相互关联的，所以下载权重时，也要下载与之对应的配置文件。之后，初始设置就算是完成了。现在，让我们进入下一步。

步骤 2：修复配置文件并进行训练

另一个重要任务是根据需求和资源修改配置文件。图 3-13 显示了对训练和测试配置的第一次更改。可供更改的参数包括批大小[①]、宽度、高度、通道数、动量和衰减等。

---

① 译注：批 (batch) 是指一次迭代中用于训练模型的一组样本。它有三大好处：内存使用效率高；训练加速；泛化性能有提升。批大小 (batch size) 则指每批的样本数量。

更新后的配置　　原始配置

```
[net]
# Testing
# batch=1
# subdivisions=1
# Training
batch=64
subdivisions=16
width=608
height=608
channels=3
momentum=0.9
decay=0.0005
angle=0
saturation = 1.5
exposure = 1.5
hue=.1

learning_rate=0.001
burn_in=100
max_batches = 5000
policy=steps
steps=4000,4500
scales=.1,.1
```

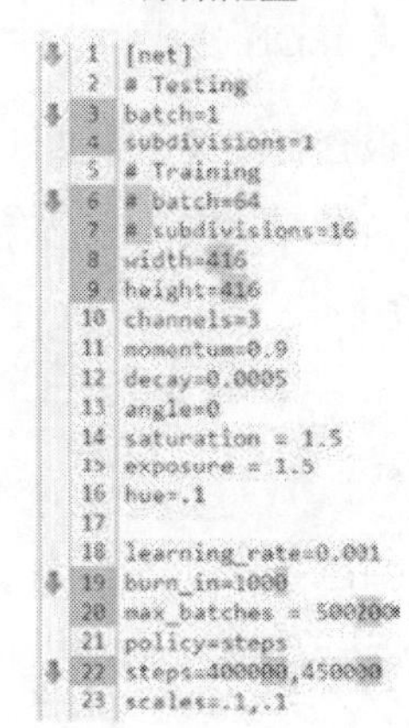

```
1  [net]
2  # Testing
3  batch=1
4  subdivisions=1
5  # Training
6  # batch=64
7  # subdivisions=16
8  width=416
9  height=416
10 channels=3
11 momentum=0.9
12 decay=0.0005
13 angle=0
14 saturation = 1.5
15 exposure = 1.5
16 hue=.1
17
18 learning_rate=0.001
19 burn_in=1000
20 max_batches = 500200
21 policy=steps
22 steps=400000,450000
23 scales=.1,.1
```

图 3-13　用于训练 / 测试的配置文件的更改

学习率和 burn-in 这样重要的参数也可以更改。除了上图中的更改，还有一些涉及类和最后一层的更改。由于我们将对原始训练方法进行自定义训练，而原始训练方法包含了 80 个类，所以情况可能有所不同。图 3-14 显示了一些必要的更改。如果可以在默认的 coco 数据集中进行训练，则可以直接使用原始配置文件。

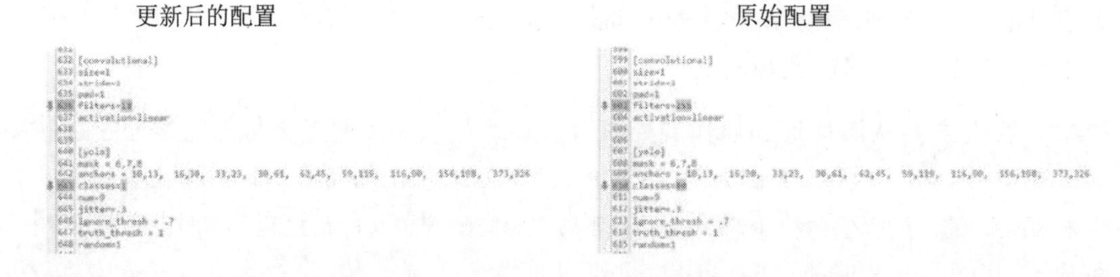

图 3-14　为了训练 / 推理流水线而需要在配置中进行的更改

在配置文件中，我们需要修改所有涉及类别和过滤器数量的设定。对于 YOLO 层之前的实例，我们需要将“[filters=255]”更改为“filters=(类的数量 + 5)×3”，如第 640 行所示。

完成更改后，我们可以进入训练阶段。这里只需要运行一个任务：

```
!python train.py --data $PATH/custom.data --batch $num_batches
--cache --epochs $num_epochs –nosave

$num_batches = Number of batches
```

```
$num_epochs = Number of epoch of training(请记住，这是迁移学习，我们已经使用了预训练的权重)
$path = path to custom data
```

如果内存不足，我们可以尝试使用较小预训练模型进行训练，或者减少批大小或降低图像分辨率，以减少模型参数的数量。选择哪种方法取决于哪种更简单、合适。

该项目有太多的依赖关系，所以建议直接参考并使用优化后的代码，以节省时间。训练代码、模型代码和配置代码是相互关联的。配置文件对训练过程和模型设置有直接的影响。让现在让我们来看看研究人员使用的源代码中模型定义部分的 Python 代码。

模型文件

这段代码首先引入在后续代码中会多次使用的两个库 torchvision 和 torch，同时还用 parse 包来获取命令行参数。模型文件中的第一个函数是 create_modules，其主要功能是创建模型的各个模块。如果要从头开始训练模型，则需要注意几个关键步骤：

```
def create_modules(module_defs, img_size):
    # 根据 module_defs 中的模块配置构造层块的模块列表

    img_size = [img_size] * 2 if isinstance(img_size, int) else
    img_size  # 必要时扩展
    _ = module_defs.pop(0)  # cfg 训练超参数(未使用)
    output_filters = [3]  # 输入通道
    module_list = nn.ModuleList()
    routs = []  # 列表，其中包含路由到更深层的图层
    yolo_index = -1

    for i, mdef in enumerate(module_defs):
        modules = nn.Sequential()

        if mdef['type'] == 'convolutional':
            bn = mdef['batch_normalize']
            filters = mdef['filters']
            k = mdef['size']  # kernel 大小
            stride = mdef['stride'] if 'stride' in mdef else (mdef['stride_y'], mdef['stride_x'])
            if isinstance(k, int):  # 单尺寸卷积
                modules.add_module('Conv2d', nn.Conv2d(in_
                channels=output_filters[-1],
                                                        out_channels=
                                                        filters,
                                                        kernel_size=k,
```

```
                                                    stride=stride,
                                                    padding=k
                                                    // 2 if
                                                    mdef['pad']
                                                    else 0,
                                                    groups=
                                                    mdef['groups']
                                                    if 'groups' in
                                                    mdef else 1,
                                                    bias=not bn))
            else:  # 多尺寸卷积
                modules.add_module('MixConv2d',
                MixConv2d(in_ch=output_filters[-1],
                                                    out_ch=filters,
                                                    k=k,
                                                    stride=stride,
                                                    bias=not bn))
            if bn:
                modules.add_module('BatchNorm2d',
                nn.BatchNorm2d(filters, momentum=0.03, eps=1E-4))
            else:
                routs.append(i)  # 检测输出（进入 yolo 层）
            if mdef['activation'] == 'leaky':  # 激活函数
            研究 https://github.com/ultralytics/yolov3/
            issues/441
                modules.add_module('activation',
                nn.LeakyReLU(0.1, inplace=True))
                # modules.add_module('activation',
                nn.PReLU(num_parameters=1, init=0.10))
            elif mdef['activation'] == 'swish':
                modules.add_module('activation', Swish())

        elif mdef['type'] == 'BatchNorm2d':
            filters = output_filters[-1]
            modules = nn.BatchNorm2d(filters, momentum=0.03,
            eps=1E-4)
            if i == 0 and filters == 3:  # 归一化 RGB 图像
                # imagenet 均值和方差 https://pytorch.
                org/docs/stable/torchvision/models.
                html#classification
                modules.running_mean = torch.tensor([0.485,
                0.456, 0.406])
                modules.running_var = torch.tensor([0.0524,
```

```
        0.0502, 0.0506])

    elif mdef['type'] == 'maxpool':
        k = mdef['size']  # kernel 大小
        stride = mdef['stride']
        maxpool = nn.MaxPool2d(kernel_size=k,
        stride=stride, padding=(k - 1) // 2)
        if k == 2 and stride == 1:  # yolov3-tiny
            modules.add_module('ZeroPad2d',
            nn.ZeroPad2d((0, 1, 0, 1)))
            modules.add_module('MaxPool2d', maxpool)
        else:
            modules = maxpool

    elif mdef['type'] == 'upsample':
        if ONNX_EXPORT:  # 明确声明大小，避免
        scale_factor
            g = (yolo_index + 1) * 2 / 32  # 增益
            modules = nn.Upsample(size=tuple(int(x * g) for
            x in img_size))  # img_size = (320, 192)
        else:
            modules = nn.Upsample(scale_factor=
            mdef['stride'])
    elif mdef['type'] == 'route':  # nn.Sequential() 占位符，用于 'route' 层
        layers = mdef['layers']
        filters = sum([output_filters[l + 1 if l > 0
        else l] for l in layers])
        routs.extend([i + l if l < 0 else l for l in layers])
        modules = FeatureConcat(layers=layers)

    elif mdef['type'] == 'shortcut':  # nn.Sequential() 占位符，用于 'shortcut' 层
        layers = mdef['from']
        filters = output_filters[-1]
        routs.extend([i + l if l < 0 else l for l in layers])
        modules = WeightedFeatureFusion(layers=layers,
        weight='weights_type' in mdef)

    elif mdef['type'] == 'reorg3d':
        pass  # 整理层（当前未用）

    elif mdef['type'] == 'yolo': # 在 YOLOLayer() 中创建 YoloLayer
        yolo_index += 1
        stride = [32, 16, 8]  # P3, P4, P5 = 1, 2, 4
        if any(x in mdef for x in ['mask', 'anchors']):  # 检测是否存在 mask 和 anchors 关键字
```

```
                # 在 'anchors' 部分取 'mask' 索引
                mdef['anchors'] = [[mdef['anchors'][j] for j in mdef['mask']]]
                stride = [stride[i] for i in mdef['mask']]  # anchor stride
                mdef['classes'] = nc = mdef['classes']  # number of classes
            else:  # 直接使用 'hyp' 假设
                mdef['anchors'] = [mdefs[-1]['anchors'][3 - yolo_index]]
            modules = YOLOLayer(anchors=mdef['anchors']
            [mdef['mask']],  # 锚框列表
                                nc=mdef['classes'],  # 类别数量
                                img_size=img_size,  # (416, 416)
                                yolo_index=yolo_index,  #
                                0, 1, 2...
                                layers=layers,  # 输出层
                                stride=stride)
            # 初始化前面的 Conv2d() 偏置
            # (https://arxiv.org/pdf/1708.02002.pdf section 3.3)
            try:
                j = layers[yolo_index] if 'from' in mdef else -1
                bias_ = module_list[j][0].bias  # shape(255,)
                bias = bias_[:modules.no * modules.na].
                view(modules.na, -1)  # shape(3,85)
                bias[:, 4] += -4.5  # obj
                bias[:, 5:] += math.log(0.6 / (modules.nc -
                0.99))  # cls (sigmoid(p) = 1/nc)
                module_list[j][0].bias = torch.
                nn.Parameter(bias_, requires_grad=bias_.
                requires_grad)
            except:
                print('警告：智能偏置初始化失败。')

        else:
            print('警告：无法识别的层类型：' +
            mdef['type'])

        # 注册模块列表和输出过滤器的数量
        module_list.append(modules)
        output_filters.append(filters)

    routs_binary = [False] * (i + 1)
    for i in routs:
        routs_binary[i] = True
    return module_list, routs_binary
```

首先，初始化一个顺序模型，这为构建模型的各个模块设置了上下文。

模型从命令行获取参数以及与批归一化、过滤器、激活函数和卷积相关的变量。

最后，模型提供了将模型保存为 ONNX 版本的选项。

初始模型定义之后是 YOLO 层类，它使用函数来根据接收到的配置定义模型。让我们看一下原研究所提供的代码：

```
class YOLOLayer(nn.Module):
    def __init__(self, anchors, nc, img_size, yolo_index, layers, stride):
        super(YOLOLayer, self).__init__()
        self.anchors = torch.Tensor(anchors)
        self.index = yolo_index
        # 在 layers 中的索引
        self.layers = layers  # 模型输出层索引
        self.stride = stride  # 层步长
        self.nl = len(layers)  # 输出层数量 (3)
        self.na = len(anchors)  # 锚框数量 (3)
        self.nc = nc  # 类别数量 (80)
        self.no = nc + 5  # 输出数量 (85)
        self.nx, self.ny, self.ng = 0, 0, 0  # 初始化 x, y 网格点数
        self.anchor_vec = self.anchors / self.stride
        self.anchor_wh = self.anchor_vec.view(1, self.na, 1, 1, 2)
        if ONNX_EXPORT:
            self.training = False
        self.create_grids((img_size[1] // stride, img_size[0] // stride))  #x, y 网格点数

    def create_grids(self, ng=(13, 13), device='cpu'):
        self.nx, self.ny = ng  #x 和 y 网格大小
        self.ng = torch.tensor(ng)
        # 创建 xy 偏移量
        if not self.training:
            yv, xv = torch.meshgrid([torch.arange(self.ny,
            device=device), torch.arange(self.nx, device=device)])
            self.grid = torch.stack((xv, yv), 2).view((1, 1, self.ny, self.nx, 2)).float()

        if self.anchor_vec.device != device:
            self.anchor_vec = self.anchor_vec.to(device)
            self.anchor_wh = self.anchor_wh.to(device)

    def forward(self, p, out):
        ASFF = False  #https://arxiv.org/abs/1911.09516
        if ASFF:
            i, n = self.index, self.nl  # 在 layers 中的索引，层数量
            p = out[self.layers[i]]
```

```
        bs, _, ny, nx = p.shape  #bs, 255, 13, 13
        if (self.nx, self.ny) != (nx, ny):
            self.create_grids((nx, ny), p.device)
        #输出和权重
        #w = F.softmax(p[:, -n:], 1)  #归一化权重
        w = torch.sigmoid(p[:, -n:]) * (2 / n)
        #sigmoid 权重（更快）
        #w = w / w.sum(1).unsqueeze(1)
        #在层维度上归一化
        #加权 ASFF 求和
        p = out[self.layers[i]][:, :-n] * w[:, i:i + 1]
        for j in range(n):
            if j != i:
                p += w[:, j:j + 1] * \
                F.interpolate(out[self.layers[j]]
                [:, :-n], size=[ny, nx], mode='bilinear', align_corners=False)
    elif ONNX_EXPORT:
        bs = 1  #批大小
    else:
        bs, _, ny, nx = p.shape  #bs, 255, 13, 13
        if (self.nx, self.ny) != (nx, ny):
            self.create_grids((nx, ny), p.device)
        #p.view(bs, 255, 13, 13) --> (bs, 3, 13, 13, 85)
        #(bs, 锚框，网格，网格，类别 + xywh)
        p = p.view(bs, self.na, self.no, self.ny, self.nx).permute(0, 1, 3, 4, 2).contiguous()
        #预测
        if self.training:
            return p
        elif ONNX_EXPORT:
            #避免对 ANE 操作进行传播
            m = self.na * self.nx * self.ny
            ng = 1 / self.ng.repeat((m, 1))
            grid = self.grid.repeat((1, self.na, 1, 1, 1)).view(m, 2)
            anchor_wh = self.anchor_wh.repeat((1, 1, self.nx, self.ny, 1)).view(m, 2) * ng
            p = p.view(m, self.no)
            xy = torch.sigmoid(p[:, 0:2]) + grid  #x, y
            wh = torch.exp(p[:, 2:4]) * anchor_wh
            #宽度，高度
            p_cls = torch.sigmoid(p[:, 4:5]) if self.nc == 1 else \
            torch.sigmoid(p[:, 5:self.no]) * torch.sigmoid(p[:, 4:5])  #conf
            return p_cls, xy * ng, wh
        else:  #推理
            io = p.clone()  #推理输出
            io[..., :2] = torch.sigmoid(io[..., :2]) + self.grid  #xy
```

```
            io[..., 2:4] = torch.exp(io[..., 2:4]) * self.anchor_wh  #wh yolo 方法
            io[..., :4] *= self.stride
            torch.sigmoid_(io[..., 4:])
            return io.view(bs, -1, self.no), p
            # 将形状为 [1, 3, 13, 13, 85] 的张量视为形状为 [1, 507, 85] 的张量
```

这段代码定义了 YOLO 层，执行了初始化，并且为训练设置了一切必要的参数和条件。代码中有以下几个重点：

- YOLO 层被配置了有用的信息，例如锚框数量、类别、输出数量和类别数量。
- 代码还在图像上设定了网格，这是创建锚框必须有的。它还设定了前向传播的参数。
- 代码还允许设定 ONNX(开放神经网络交换) 模型。

最后，添加检测模型代码，使用 Darknet 框架创建高度优化的目标检测工作流：

```
class Darknet(nn.Module):
    # YOLOv3 目标检测模型
    def __init__(self, cfg, img_size=(416, 416), verbose=False):
        super(Darknet, self).__init__()
        self.module_defs = parse_model_cfg(cfg)
        self.module_list, self.routs = create_modules(self.module_defs, img_size)
        self.yolo_layers = get_yolo_layers(self)
        # torch_utils.initialize_weights(self)
        # Darknet Header https://github.com/AlexeyAB/darknet/issues/2914#issuecomment-496675346
        self.version = np.array([0, 2, 5], dtype=np.int32)
        # (int32) 版本信息: major, minor, revision
        self.seen = np.array([0], dtype=np.int64)
        # (int64) 训练期间看到的图像数量
        self.info(verbose) if not ONNX_EXPORT else None
        # 打印模型描述

    def forward(self, x, augment=False, verbose=False):

        if not augment:
            return self.forward_once(x)
        else:
            # 图像增强 ( 仅用于推断和测试 )https://github.com/ultralytics/yolov3/issues/931
            img_size = x.shape[-2:] # 高度, 宽度
            s = [0.83, 0.67] # 缩放因子
            y = []
            for i, xi in enumerate((x,
                              torch_utils.scale_img(x.flip(3), s[0], same_shape=False), # 左右翻转并缩放
```

```
                            torch_utils.scale_img(x, s[1], same_shape=False), # 缩放
                            )):
                    numpy().transpose((1, 2, 0))[:, :, ::-1])
                    y.append(self.forward_once(xi)[0])
                y[1][..., :4] /= s[0] # 缩放
                y[1][..., 0] = img_size[1] - y[1][..., 0] #左右翻转
                y[2][..., :4] /= s[1] # 缩放
                y = torch.cat(y, 1)
                return y, None

    def forward_once(self, x, augment=False, verbose=False):
        img_size = x.shape[-2:] # 高度，宽度
        yolo_out, out = [], []
        if verbose:
            print('0', x.shape)
            str = ''
        # 图像增强（仅推断和测试）
        if augment: # https://github.com/ultralytics/yolov3/issues/931
            nb = x.shape[0] # 批大小
            s = [0.83, 0.67] # 缩放因子
            x = torch.cat((x,
                           torch_utils.scale_img(x.flip(3), s[0]), # 左右翻转并缩放
                           torch_utils.scale_img(x, s[1]), # 缩放
                           ), 0)
        for i, module in enumerate(self.module_list):
            name = module.__class__.__name__
            if name in ['WeightedFeatureFusion', 'FeatureConcat']: # sum, concat
                if verbose:
                    l = [i - 1] + module.layers # 层
                    sh = [list(x.shape)] + [list(out[i].shape) for i in module.layers] # 形状
                    str = ' >> ' + ' + '.join(['layer %g %s' % x for x in zip(l, sh)])
                x = module(x, out) # WeightedFeatureFusion(), FeatureConcat()
            elif name == 'YOLOLayer':
                yolo_out.append(module(x, out))
            else: # 直接运行模块，如mtype = 'convolutional', 'upsample', 'maxpool', 'batchnorm2d'
                x = module(x)

            out.append(x if self.routs[i] else [])
            if verbose:
                print('%g/%g %s -' % (i, len(self.module_list), name), list(x.shape), str)
            str = ''

        if self.training: # 训练
```

```
            return yolo_out
        elif ONNX_EXPORT: # 导出
            x = [torch.cat(x, 0) for x in zip(*yolo_out)]
            return x[0], torch.cat(x[1:3], 1) # 得分，框：3780x80, 3780x4
        else: # 推断或测试
            x, p = zip(*yolo_out) # 推理输出，训练输出
            x = torch.cat(x, 1) # 连接 yolo 输出
            if augment: # 反增强结果
                x = torch.split(x, nb, dim=0)
                x[1][..., :4] /= s[0] # 缩放
                x[1][..., 0] = img_size[1] - x[1][..., 0] # 翻转左右
                x[2][..., :4] /= s[1] # 缩放
                x = torch.cat(x, 1)
            return x, p

    def fuse(self):
        # 整个模型的 Fuse Conv2d + BatchNorm2d 层
        print('Fusing layers...')
        fused_list = nn.ModuleList()
        for a in list(self.children())[0]:
            if isinstance(a, nn.Sequential):
                for i, b in enumerate(a):
                    if isinstance(b, nn.modules.batchnorm.BatchNorm2d):
                        # 将此 bn 层与前一个 conv2d 层融合
                        conv = a[i - 1]
                        fused = torch_utils.fuse_conv_and_bn(conv, b)
                        a = nn.Sequential(fused, *list(a.children())[i + 1:])
                        break
                fused_list.append(a)
        self.module_list = fused_list
        self.info() if not ONNX_EXPORT else None
        # yolov3-spp 从 225 减少到 152 层

    def info(self, verbose=False):
        torch_utils.model_info(self, verbose)
```

这些步骤使用 Darknet 框架，可在 https://pjreddie.com/darknet/ 获取。该框架在处理计算机视觉问题上极其高效且高度优化。此外，模型文件中包含一些配置信息，包括现有权重的使用和其他细节。训练文件中包含大多数可配置的细节，包括处理数据路径、配置文件路径和其他架构细节的设置。它还设定并冻结了已训练完毕的权重，只训练那些需要加以训练和更新的层。至此，YOLO 的训练过程就算是告一段落了。

3.7 小结

目标检测是一个复杂的过程，需要同时解决多项任务，并且需要针对实时使用进行优化。在本章中，我们探索了让模型来学习目标分类和定位的一些机制。

归根结底，如果允许的话，机器能够发挥强大的能力来学习约束条件。目标检测算法可以被用于日常工作中，比如自动驾驶汽车、交通摄像头、安全无人机等。

在下一章中，我们将研究图像分割，它与前面讨论的过程非常相似。图像分割和目标检测经常应用于相似的场景中。

第4章

构建图像分割模型

图像有各种不同的质地、模式、形状和大小。它们包含大量的信息，这些信息很容易理解，但对计算机来说，理解起来就不那么容易了。图像分割涉及一系列问题，我们想要训练计算机，让它能理解图像并能够将不同的目标分开，并将相似的目标归为一类。这种分类可以基于相似的像素强度或基于相似的纹理与形状。

有很多算法已经被开发出来并用于图像分割。就像目标检测能够分离目标物体一样，图像分割可以识别出更相似的目标物体，并将其与不那么相似的目标物体分开。考虑一下 k 均值这样的基本聚类方法中使用的概念，就知道数据点是如何根据相似性聚集在一起的了。

例如，假设有两种苹果和两种橙子放在同一个碗里。如果观察这些水果的特征，我们可以开始对这些可食用水果的数据点进行分类。当考虑纹理或颜色时，我们可以将数据点分为两组。当把价格用作另一个特征时，我们可以把数据点分为四个集群。同样，这样的流程可以帮助我们找到数据点的相似性或差异性，并依据聚类进行分组。这在生物医学领域和自动驾驶汽车领域非常有帮助。这个研究领域仍然十分活跃，并且大多与目标检测框架结合使用。我们将从基础开始，然后研究一些例子。

4.1 图像分割

分割的主观性取决于我们所处理的领域的类型。分割有两种类型：语义分割 (semantic segmentation) 和实例分割 (instance segmentation)。在进行语义分割时，来自相似物体的像素被认为是同一类，但在物体内部并无区分。设想一个实时场景，当一张图像中有多辆行驶在高速公路上的汽车时，分割会将把所有的汽车分为一组，并将这些组与路边或风景区分开。

我们来看一个例子。图 4-1a 显示了一条有车辆行驶的高速公路。公路上有多辆汽车，而路边有草和一些树。

图 4-1a 原始输入图像

假设我们从原始输入中取出一个像素块，然后通过一个卷积神经网络进行分类 (图 4-1b)，这样就得到一个属于汽车的像素块的输出。接下来，我们尝试将中心像素映射到汽车上，并像这样扫描整个图像。这将在图像中实现语义分割，把汽车从树和道路中分离出来。这里需要注意的是，所有汽车都归为同一类。

图 4-1b 从输入中取一个像素块

这类问题的另一个解决方法是通过一个没有任何降采样 (down-sampling) 的卷积神经网络分类器，并使用它来对每个像素进行分类，从而将相似的目标聚在一起。

这些方法很有效，但当需要区分类别时，它们就无法派上用场了。举例来说，假设有多辆汽车，我们想要为每辆车单独分类。在这种情况下，就需要用到实例分割了。在实例分割中，每个像素都映射到特定的类，并通过为像素贴上合适的类别标签来分割目标物体。语义分割的概念可以追溯到在早期的图像处理中使用的不可学习 (non-learnable) 技术，而实例分割则是一个相当新颖的概念。

当开始进行实例分割时，最初采用的基本方法几乎是 R-CNN 方法的翻版。但我们预测的是各个分段，而不是整个区域。

请看图 4-2 中的流程图。图像被送入一个分段候选网络，它会输出图像的各个分段。一方面，这些分段可以形成一个边界框，然后传到边界框卷积神经网络以生成特征。另一方面，这些分段被取出并应用背景掩膜变换 (masking transformation)，只需取图像的平均值并将物体的背景转换为黑色。分段掩膜处理后，被传到区域卷积神经网络以获取一组不同的特征。

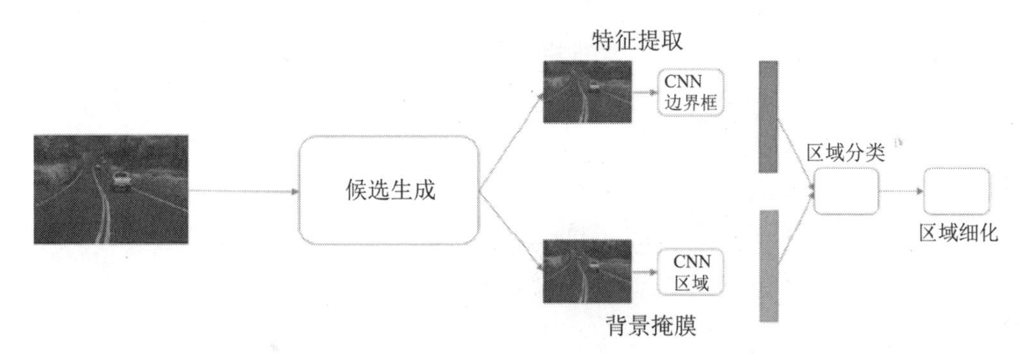

图 4-2 实例分割过程流

在这里，我们看到的是由网络提取的边界框图像和区域的组合。它们将被组合在一起，然后根据它们包含的物体实例进一步分类。此外，它还添加了用于细化分割区域的第二步。

这些分割技术设置都只是实验性的。还有其他一些方法上的改进，包括类似于 Faster R-CNN 的级联网络以及超列特征 (hypercolumn) 等。

语义分割和实例分割的区别如下。

名称	差异
语义分割	● 所有像素都要分类 ● 使用全卷积模型 ● 在各种方法中使用降采样，然后使用可学习的上采样技术重新创建图像 ● 如果使用的是类似于 ResNet 的架构，则会使用跳跃连接
实例分割	● 不仅每个像素都被分类，还检测了实例 ● 过程几乎完全遵循目标检测的架构

4.2 PyTorch 预训练支持

PyTorch 的发展速度大大超过了其他任何深度学习框架。它提供了丰富的模块和类。由于 PyTorch 非常接近 Python，所以人们更容易上手。人们普遍倾向于选择 PyTorch 框架进行深度学习，并利用其丰富的资源做出有影响力的变化。

像目标检测一样，图像分割也需要复杂的模型和大量的计算资源。从头开始训练这些模型并不总是简单或理想的。在 CPU 上训练需要很长的时间，尽管 GPU 可以在一定程度上加速训练，但提升的幅度并不大。因此，我们可能会选择使用迁移学习技术，这种技术能够使我们利用预训练模型已经学习到的丰富信息。这些预训练模型在多样化的数据集上进行过训练，已经能够处理我们会遇到的大多数问题及其变化形式。让我们来深入了解 PyTorch 存储库中的一些优秀的预训练模型。

4.2.1 语义分割

如论文所述，全卷积神经网络 (fully convolutional neural network) 在语义分割任务上进行端到端的训练。它由卷积神经网络块及其后的像素级预测组成。

在语义分割中使用空洞卷积 (DeepLabV3)：这种架构利用并行堆叠的空洞卷积 (atrous convolution，也称扩张卷积)[①] 通过改变感受野来捕获多尺度的上下文。

轻量级空洞空间金字塔池化 (LR-ASPP)：这是一个使用神经架构搜索 (neural architecture search，NAS) 创建的 MobileNetV3 的高级版本。

① 译注：也称扩张卷积，一种新的卷积思路，适用于语义分割问题中下采样带来的图像分辨率降低、信息丢失等问题。

我们将使用一个预训练模型来评估图像。模型有很多参数，因此在 CPU 或低配置的基础设施上运行推理会比较慢。如果使用的是 Colab，可以将 GPU 用作基础设施支持并运行代码。

让我们从配置需要用到的基本导入开始。模型是预训练的，并被放置在 Torchvision 中。我们也将导入这个模型：

```
import numpy as np

import torch

import matplotlib.pyplot as plt
## torchvision 相关导入
import torchvision.transforms.functional as F
from torchvision.io import read_image
from torchvision.utils import draw_bounding_boxes
from torchvision.utils import make_grid
## 模型和变换
from torchvision.transforms.functional import convert_image_dtype
from torchvision.models.segmentation import fcn_resnet50
```

到目前为止，我们已经导入了与 Torch 和 Torchvision 相关的函数。我们需要构建所有可以在整个代码中重复使用的效用函数 (utility function)。这是重构代码和消除不必要重复的有效方式。在这种情况下，我们需要显示图像，所以我们可以使用一个图像可视化工具：

```
## 多图像的实用工具
def img_show(images):

    if not isinstance(images, list):
        ## 将图像转换为列表
        images = [images]
    fig, axis = plt.subplots(ncols=len(images), squeeze=False)
    for i, image in enumerate(images):
        image = image.detach() # 从当前 DAG 中分离，不计算梯度
        image = F.to_pil_image(image)
        axis[0, i].imshow(np.asarray(image))
        axis[0, i].set(xticklabels=[], yticklabels=[], xticks=[], yticks=[])
```

这段代码接受多个图像或单个图像。它检查对象是否是一个列表，如果不是，它就将其转换为列表。然后，这段代码根据图像的可迭代对象，分配对应的坐标轴。图像被从有向无环图 (DAG) 中分离出来，并且不为这些分离出的变量计算梯度。

在构建了效用函数之后，我们将获取一个样本图像并配置它以进行分割处理：

```
## 获取需要进行分割的图像
img1 = read_image("/content/semantic_example_highway.jpg")
box_car = torch.tensor([ [170, 70, 220, 120]], dtype=torch. float) ## (xmin,ymin,xmax,ymax)
colors = ["blue"]
check_box = draw_bounding_boxes(img1, box_car, colors=colors, width=2)
img_show(check_box)
## 批处理图像
batch_imgs = torch.stack([img1])
batch_torch = convert_image_dtype(batch_imgs, dtype=torch.float)
```

图像需要上传并放置在一个可访问的位置。图像中包含多辆汽车，现在，我们其上方放置了一个候选框 (Xmin，Ymin，Xmax 和 Ymax)。需要对这些值进行调整，让全卷积网络理解目标物体的存在。最后，这批图像会被转换为张量，然后进行堆叠，供模型使用。

现在，加载模型并使其做好评估的准备：

```
model = fcn_resnet50(pretrained=True, progress=False)
## 切换到 eval 模式
model = model.eval()
# 根据训练配置进行标准化
normalized_batch_torch = F.normalize(batch_torch, mean=(0.485, 0.456, 0.406), std=(0.229,
0.224, 0.225))
result = model(normalized_batch_torch)['out']
```

如前所述，fcn_resnet50 是从存储库 (训练过) 中下载的。该模型被设置为评估 (eval)。现在，前面创建的这批图像基于训练模型的配置进行归一化。

现在是时候将图像输入模型了：

```
classes = [
'__background__', 'aeroplane', 'bicycle', 'bird', 'boat', 'bottle', 'bus', 'car', 'cat',
'chair', 'cow', 'diningtable', 'dog', 'horse', 'motorbike',
'person', 'pottedplant', 'sheep', 'sofa', 'train', 'tvmonitor'
]
class_to_idx = {cls: idx for (idx, cls) in enumerate(classes)}
normalized_out_masks = torch.nn.functional.softmax(result, dim=1)

car_mask = [
normalized_out_masks[img_idx, class_to_idx[cls]]
for img_idx in range(batch_torch.shape[0])
for cls in ('car', 'pottedplant','bus')
]

img_show(car_mask)
```

我们定义了所有可能类别的列表，并获取这批图像的结果以通过 softmax 层。然后绘制 mask。这个例子展示了前文所讨论的语义分割流程。它显示了我们是如何获取数据并根据模型进行准备的。我们加载一个模型，然后在模型上进行推理，以获取 mask。

4.2.2 实例分割

我们一直在进行语义分割，以生成物体的 mask，然后将它们叠加到原始图像上。但是，实例分割是怎样进行的呢？现在，我们将查看一些可以利用来生成 mask 的预训练模型。

用于检测和生成 mask 的模型如下。

- Faster R-CNN：这项研究引入了一个候选区域网络，可以同时预测目标的边界框和与该边界框对应的目标性分数。它解决了早先的研究中存在的瓶颈问题。
- Mask R-CNN：这个模型是 Faster R-CNN 的扩展，用于在图像上进行目标检测和生成 mask。
- RetinaNet：这项研究在准确率和速度方面对二阶段目标检测[①]做出重大改进。它使用了新的 Focal Loss 概念来处理这些问题。
- Single Shot Detector：该研究解释了如何为默认的边界框生成目标性分数，并根据目标对其进行细化。

这些模型主要在 COCO 数据集上进行训练，并能够进行预测。

使用 Faster R-CNN 进行预测的代码如下：

```
x = [torch.rand(3, 300, 400), torch.rand(3, 500, 400)]

faster_rcnn_model = torchvision.models.detection.fasterrcnn_resnet50_fpn(pretrained=True)
faster_rcnn_model.eval()
result = faster_rcnn_model (x)
```

使用 MobileNet 进行预测的代码如下：

```
x = [torch.rand(3, 300, 400), torch.rand(3, 500, 400)]
mobilenet_model = torchvision.models.detection.fasterrcnn_mobilenet_v3_large_
fpn(pretrained=True)
mobilenet_model.eval()
result = mobilenet_model(x)
```

① 译注：指通过两个过程来实现检测，与之对应的是单阶段目标检测。

使用 RetinaNet 进行预测的代码如下：

```
x = [torch.rand(3, 300, 400), torch.rand(3, 500, 400)]
retinanet_model = torchvision.models.detection.retinanet_resnet50_fpn(pretrained=True)
retinanet_model.eval()
result = retinanet_model(x)
```

使用 Single Shot Detection 进行预测的代码如下：

```
x = [torch.rand(3, 300, 400), torch.rand(3, 500, 400)]
ssd_model = torchvision.models.detection.ssd300_vgg16(pretrained=True)
ssd_model.eval()
result = ssd_model(x)
```

在所有这些实例中，我们都是从 PyTorch 存储库中提取的模型，并用其进行推理。

4.3 模型优化

如果我们所处理领域中的类别已经被研究人员标注并训练过，则可以使用预训练模型来进行预测。如果一个领域和我们的工作密切相关，但类别不完全相同，可能会有一些差异。而需要对项目进行训练和分类，这是最重要的原因之一。

在本节中，我们将探索代码，并详细说明根据我们的用途来微调现有模型的话，需要哪些步骤来提高模型的预测能力。正如我们已经明确的那样，图像分割不仅具有识别图像中的类别的能力，还包括其他附加能力。

我们使用的问题集是一个开源数据集，网址为 https://www.cis.upenn.edu/~jshi/ped_html/PennFudanPed.zip。

这个数据集包含行人的数据，我们要对它进行微调。许多用例都使用分割作为输出，以确定决策步骤。对于自动驾驶汽车而言，识别行人对于瞬时决定移动方向至关重要。因此，这些模型的准确率必须足够高。

现在，让我们看一下这个流程的基本导入。

对于任何项目而言，项目的设置都是最关键的部分之一。在这个项目中，我们可以使用 Jupyter 笔记本实例或者是 Colab 笔记本来进行训练。

首先，使用 wget 命令从源地址下载数据集：

```
## 提取交通数据
!wget https://www.cis.upenn.edu/~jshi/ped_html/PennFudanPed.zip .
!unzip PennFudanPed.zip
```

感叹号帮助 Colab 单元格子将这些代码识别为 shell 脚本。下载完成后，unzip 命令会解压这个数据包。需要注意的是，这些命令都是基于 Linux 的，而且这里也假定后端操作系统是 Linux。

把数据集下载到系统中之后，就可以运行项目所需要的基本导入了：

```
# 基本导入
import os
import numpy as np

# 导入 torch
import torch
import torch.utils.data
from torch.utils.data import Dataset

# 导入 torchvision
import torchvision
import torchvision.transforms as T
from torchvision.models.detection.faster_rcnn import FastRCNNPredictor
from torchvision.models.detection.mask_rcnn import MaskRCNNPredictor

# 图像工具
from PIL import Image
import matplotlib.pyplot as plt

# 代码工具
import random
import cv2
```

注意，我们导入了 Torch 和 Torchvision 相关的包，还获取了 MaskRCNN 和 FasterRCNN 的预训练模型。现在，导入 PyTorch 的基础训练框架，这将帮助我们扩展功能，避免重写复杂的代码：

```
# 克隆 PyTorch 仓库以设置与原始训练相同的目录结构
!git clone https://github.com/pytorch/vision.git
%cd vision
!git checkout v0.3.0
!cp references/detection/engine.py ../
!cp references/detection/transforms.py ../
```

```
!cp references/detection/utils.py ../
!cp references/detection/coco_utils.py ../
!cp references/detection/coco_eval.py ../
```

基础框架准备就绪后，复制需要使用的 Python 脚本，比如 engine、transforms、utils、coco_utils 和 coco_eval。

完成这些导入并确认所有文件都在代码运行环境中后，就可以导入更多了：

```
# 从 PyTorch 存储库导入
import utils
import transforms as T
from engine import train_one_epoch, evaluate
```

这些导入都基于 PyTorch 训练框架和脚本中的代码。导入完成后，让我们看看如何创建用于微调模型的自定义数据集类：

```
class CustomDataset(Dataset):
    def __init__(self, dir_path, transforms=None):
        ## 初始化对象属性
        self.transforms = transforms
        self.dir_path = dir_path
        ## 从 dir_path 中获取
        ## 添加来自 PedMasks 目录的 mask 列表
        self.mask_list = list(sorted(os.listdir(os.path.join(dir_path, "PedMasks"))))
        ## 添加来自目录列表的实际图像列表
        self.image_list = list(sorted(os.listdir(os.path.join(dir_path, "PNGImages"))))

    def __getitem__(self, idx):
        # 获取图像和 mask
        img_path = os.path.join(self.dir_path, "PNGImages", self.image_list[idx])
        mask_path = os.path.join(self.dir_path, "PedMasks", self.mask_list[idx])
        image_obj = Image.open(img_path).convert("RGB")
        mask_obj = Image.open(mask_path)
        mask_obj = np.array(mask_obj)
        obj_ids = np.unique(mask_obj)
        # 第一个 ID 对应着背景，所以把它排除掉
        obj_ids = obj_ids[1:]
        # 将 mask 分割成二进制形式
        masks_obj = mask_obj == obj_ids[:, None, None]
        # 边界框
        num_objs = len(obj_ids)
        bboxes = []
        for i in range(num_objs):
```

```
            pos = np.where(masks_obj[i])
            xmax = np.max(pos[1])
            xmin = np.min(pos[1])
            ymax = np.max(pos[0])
            ymin = np.min(pos[0])

            bboxes.append([xmin, ymin, xmax, ymax])

        image_id = torch.tensor([idx])
        masks_obj = torch.as_tensor(masks_obj, dtype=torch.uint8)
        bboxes = torch.as_tensor(bboxes, dtype=torch.float32)
        labels = torch.ones((num_objs,), dtype=torch.int64)

        area = (bboxes[:, 3] - bboxes[:, 1]) * (bboxes[:, 2] - bboxes[:, 0])
        iscrowd = torch.zeros((num_objs,), dtype=torch.int64)

        target = {}
        target["image_id"] = image_id
        target["masks"] = masks_obj
        target["boxes"] = bboxes
        target["labels"] = labels
        target["area"] = area
        target["iscrowd"] = iscrowd

        if self.transforms is not None:
            image_obj, target = self.transforms(image_obj, target)
        return image_obj, target

    def __len__(self):
        return len(self.image_list)
```

创建自定义数据集是将新的数据集纳入训练流程的一个标准技术。在以上代码中，要注意下面几个要点。

- 扩展 PyTorch 的 Dataset 类。
- 为类定义三个重要的函数：初始化 (init) 函数、getitem 函数和 len 函数。
- 初始化 transforms，这些变换可以根据测试、验证和训练的需要进行不同的设置。
- 定义边界框。
- 定义目标。

创建数据集之后，需要根据新的数据来调整模型。对应的代码如下：

```
def modify_model(classes_num):
    # 从 PyTorch 仓库加载已经在 COCO 上训练过的模型
    maskrcnn_model = torchvision.models.detection.maskrcnn_resnet50_fpn(pretrained=True)

    # 识别输入特征的数量
    in_features = maskrcnn_model.roi_heads.box_predictor.cls_score.in_features

    # 更改 head
    maskrcnn_model.roi_heads.box_predictor = FastRCNNPredictor(in_features, classes_num)

    in_features_mask = maskrcnn_model.roi_heads.mask_predictor.conv 5_mask.in_channels
    hidden_layer = 256

    maskrcnn_model.roi_heads.mask_predictor = MaskRCNNPredictor(in_features_mask, hidden_layer,
    num_classes)
    return maskrcnn_model
```

这些步骤更改了模型的 head 配置。之后，尝试对数据进行变换，使数据为训练做好准备：

```
def get_transform_data(train):
    transforms = []
    # 将 PIL 图像转换为 PyTorch 模型的张量
    transforms.append(T.ToTensor())
    if train:
        # 基本的图像增强技术
        ## 可以添加更多以进行实验
        transforms.append(T.RandomHorizontalFlip(0.5))
    return T.Compose(transforms)

# 获取需要转换的交通数据
train_dataset = CustomDataset('/content/PennFudanPed', get_transform_data(train=True))
test_dataset = CustomDataset('/content/PennFudanPed', get_transform_data(train=False))

# 分割训练和测试数据集
torch.manual_seed(1)
indices = torch.randperm(len(train_dataset)).tolist()
train_dataset = torch.utils.data.Subset(train_dataset, indices[:-50])
test_dataset = torch.utils.data.Subset(test_dataset, indices[-50:])

# 定义训练和验证的数据加载器
train_data_loader = torch.utils.data.DataLoader(
    train_dataset, batch_size=2, shuffle=True, num_workers=4,
```

```
    collate_fn=utils.collate_fn)

test_data_loader = torch.utils.data.DataLoader(
    test_dataset, batch_size=1, shuffle=False, num_workers=4,
    collate_fn=utils.collate_fn)
```

在数据转换的过程中，需要关注以下几个要点。

- 数据需要被转换为张量，才能用在 PyTorch 的有向无环图 (DAG) 中。
- 在训练过程中，我们使用数据转换或增强技术。而在测试和验证等阶段，我们不会使用任何数据增强技术。
- 我们从前面创建的自定义数据集类中创建训练和测试数据集。
- 定义了自定义数据后，我们将使用它来创建一个可迭代对象，这能直接帮助到我们的训练。
- 这个可迭代对象也称为数据加载器 (data loader)。

创建好数据加载器之后，就可以进入训练部分了。定义训练设备以及优化器和学习率调度器 (learning rate scheduler)：

```
device = torch.device('cuda') if torch.cuda.is_available() else torch.device('cpu')
# 由于处理的是人和背景，所以类别的数量变为 2
num_classes = 2
final_model = modify_model(num_classes)
# 将模型放到 GPU 或者 CPU( 如果 GPU 不可用 )

final_model.to(device)
## 获取 SGD 优化器
params = [p for p in final_model.parameters() if p.requires_grad]
optimizer = torch.optim.SGD(params,

lr=0.005,
momentum=0.9,
weight_decay=0.0005)
# 设置步长学习率

lr_scheduler = torch.optim.lr_scheduler.StepLR(optimizer,
step_size=2,
gamma=0.1)
```

在以上代码中，需要关注下面几个要点。

- 模型应该和它的训练数据在同一个设备上。模型和数据之间不应存在任何跨设备的转换。如果数据太大，无法都装入一个 GPU，则应该将数据分批存储在与模型相同的系统上。
- 设置优化器和学习率调度器。
- 需要注意的是，在训练复杂的网络时，固定的学习率可能无法帮助我们更快或更有效地训练。学习率就是我们训练过程中最重要的超参数之一，需要谨慎处理。

现在已经设置好了模型参数，接下来运行几个周期 (epoch)[①] 来检查训练过程：

```
# 设置周期
num_epochs = 5

for epoch in range(num_epochs):
    ## 使用 pytorch helper 函数本身的 train_one_epoch
    # 熟悉微调框架
    train_one_epoch(final_model, optimizer, train_data_loader, device, epoch, print_freq=10)
    # 更新权重和学习率
    lr_scheduler.step()
    # 从结果中的权重变化获取评估结果
    evaluate(final_model, test_data_loader, device=device)
```

为了简单起见，模型只运行了 5 个周期，但若想获得更好的结果，应该让它运行更长的时间。训练过程中最重要的一点就是检查生成的日志。这些日志应该能让我们了解数据是如何在模型中运行的，以及训练过程是如何进行的。让我们快速浏览一下在这几个周期中生成的日志：

```
Epoch: [0]  [ 0/60]  eta: 0:02:17  lr: 0.000090  loss: 2.7890 (2.7890)  loss_classifier:
0.7472 (0.7472)  loss_box_reg: 0.3405 (0.3405)  loss_mask: 1.6637 (1.6637)  loss_
objectness: 0.0351 (0.0351)  loss_rpn_box_reg: 0.0025 (0.0025)  time: 2.2894  data: 0.4357
max mem: 2161
Epoch: [0]  [10/60]  eta: 0:01:26  lr: 0.000936  loss: 1.3992 (1.7301)  loss_classifier:
0.5175 (0.4831)  loss_box_reg: 0.2951 (0.2971)  loss_mask: 0.7160 (0.9201)  loss_
objectness: 0.0279 (0.0249)  loss_rpn_box_reg: 0.0045 (0.0048)  time: 1.7208  data: 0.0469
max mem: 3316
Epoch: [0]  [20/60]  eta: 0:01:05  lr: 0.001783  loss: 1.0006 (1.2323)  loss_classifier:
0.2196 (0.3358)  loss_box_reg: 0.2905 (0.2854)  loss_mask: 0.3228 (0.5877)  loss_
objectness: 0.0172 (0.0188)  loss_rpn_box_reg: 0.0042 (0.0045)  time: 1.6055  data: 0.0096
max mem: 3316
```

① 译注：把训练数据集中所有样本都过且只过一遍正向传播和反向传播的训练过程。每个周期就是一轮训练，因此 epoch 也译作“轮次”。

```
Epoch: [0]  [30/60]  eta: 0:00:49  lr: 0.002629  loss: 0.5668 (1.0164)  loss_classifier:
0.0936 (0.2558)  loss_box_reg: 0.2643 (0.2860)  loss_mask: 0.1797 (0.4540)  loss_
objectness: 0.0056 (0.0156)  loss_rpn_box_reg: 0.0045 (0.0050)  time: 1.6322  data: 0.0108
max mem: 3316
Epoch: [0]  [40/60]  eta: 0:00:33  lr: 0.003476  loss: 0.4461 (0.8835)  loss_classifier:
0.0639 (0.2070)  loss_box_reg: 0.2200 (0.2681)  loss_mask: 0.1693 (0.3904)  loss_
objectness: 0.0028 (0.0126)  loss_rpn_box_reg: 0.0057 (0.0054)  time: 1.6640  data: 0.0107
max mem: 3316
Epoch: [0]  [50/60]  eta: 0:00:16  lr: 0.004323  loss: 0.3779 (0.7842)  loss_classifier:
0.0396 (0.1749)  loss_box_reg: 0.1619 (0.2452)  loss_mask: 0.1670 (0.3476)  loss_
objectness: 0.0014 (0.0107)  loss_rpn_box_reg: 0.0051 (0.0058)  time: 1.5650  data: 0.0107
max mem: 3316
Epoch: [0]  [59/60]  eta: 0:00:01  lr: 0.005000  loss: 0.3066 (0.7143)  loss_classifier:
0.0329 (0.1549)  loss_box_reg: 0.1074 (0.2265)  loss_mask: 0.1508 (0.3172)  loss_
objectness: 0.0022 (0.0097)  loss_rpn_box_reg: 0.0052 (0.0059)  time: 1.5627  data: 0.0109
max mem: 3316
Epoch: [0] Total time: 0:01:37 (1.6202 s / it)
creating index...
index created!
Test:  [ 0/50]  eta: 0:00:27  model_time: 0.3958
(0.3958)  evaluator_time: 0.0052 (0.0052)  time: 0.5474  data: 0.1449  max mem: 3316
Test:  [49/50]  eta: 0:00:00  model_time: 0.3451
(0.3489)  evaluator_time: 0.0061 (0.0110)  time: 0.3666  data: 0.0055  max mem: 3316
Test: Total time: 0:00:18 (0.3715 s / it)
Averaged stats: model_time: 0.3451 (0.3489) evaluator_time: 0.0061 (0.0110)
Accumulating evaluation results...
DONE (t=0.01s).
Accumulating evaluation results...
DONE (t=0.01s).
IoU metric: bbox
Average Precision (AP) @[ IoU=0.50:0.95 | area= all | maxDets=100 ] = 0.690
Average Precision (AP) @[ IoU=0.50 | area= all | maxDets=100 ] = 0.976
Average Precision (AP) @[ IoU=0.75 | area= all | maxDets=100 ] = 0.863
Average Precision (AP) @[ IoU=0.50:0.95 | area= small | maxDets=100 ] = -1.000
Average Precision (AP) @[ IoU=0.50:0.95 | area=medium | maxDets=100 ] = 0.363
Average Precision (AP) @[ IoU=0.50:0.95 | area= large | maxDets=100 ] = 0.708
Average Recall (AR) @[ IoU=0.50:0.95 | area= all | maxDets= 1 ] = 0.311
Average Recall (AR) @[ IoU=0.50:0.95 | area= all | maxDets= 10 ] = 0.747
Average Recall (AR) @[ IoU=0.50:0.95 | area= all | maxDets=100 ] = 0.747
Average Recall (AR) @[ IoU=0.50:0.95 | area= small | maxDets=100 ] = -1.000
Average Recall (AR) @[ IoU=0.50:0.95 | area=medium | maxDets=100 ] = 0.637
Average Recall (AR) @[ IoU=0.50:0.95 | area= large | maxDets=100 ] = 0.755
IoU metric: segm
Average Precision (AP) @[ IoU=0.50:0.95 | area= all | maxDets=100 ] = 0.722
```

```
Average Precision (AP) @[ IoU=0.50 | area= all | maxDets=100 ] = 0.976
Average Precision (AP) @[ IoU=0.75 | area= all | maxDets=100 ] = 0.886
Average Precision (AP) @[ IoU=0.50:0.95 | area= small | maxDets=100 ] = -1.000
Average Precision (AP) @[ IoU=0.50:0.95 | area=medium | maxDets=100 ] = 0.448
Average Precision (AP) @[ IoU=0.50:0.95 | area= large | maxDets=100 ] = 0.740
Average Recall (AR) @[ IoU=0.50:0.95 | area= all | maxDets= 1 ] = 0.325
Average Recall (AR) @[ IoU=0.50:0.95 | area= all | maxDets= 10 ] = 0.760
Average Recall (AR) @[ IoU=0.50:0.95 | area= all | maxDets=100 ] = 0.761
Average Recall (AR) @[ IoU=0.50:0.95 | area= small | maxDets=100 ] = -1.000
Average Recall (AR) @[ IoU=0.50:0.95 | area=medium | maxDets=100 ] = 0.675
Average Recall (AR) @[ IoU=0.50:0.95 | area= large | maxDets=100 ] = 0.767
```

在查看训练网络日志时，需要注意以下要点。

- 我们使用了阶梯式的学习率变化，这一点很容易在冗长的日志信息中看到。
- 我们可以注意到每个批次的分类器损失和目标性损失。
- 我们还应该检查的平均准确率和平均召回率等重要方面。
- 预计完成时间 (ETA) 和内存分配可以帮助我们估算对模型进行更大规模评估的计算。

训练好模型之后，可以选择使用 torch save 命令保存模型。也可以使用“Save Dictionary(保存字典)”选项，这比仅保存 pickle 形式更好。保存字典的话，可以在需要时随意修改字典，但如果以 pickle 的形式存储，可能就无法修改了。pickle 存储的是目录路径和模型参数，修改起来非常困难：

```
# 保存完整版本的模型
# 可选择保存状态字典版本
torch.save(final_model, 'mask-rcnn-fine_tuned.pt')
```

有了一个训练好的模型之后，就可以开始进行推理了。推理从评估模式开始，把模型切换到评估模式，不会计算梯度：

```
# PyTorch 能够帮助把模型设置为评估模式
final_model.eval()
CLASSES = ['__background__', 'pedestrian']
device = torch.device('cuda') if torch.cuda.is_available() else torch.device('cpu')
final_model.to(device)
```

这也有助于我们描述将用于推理的模型：

```
MaskRCNN(
  (transform): GeneralizedRCNNTransform(
```

```
    Normalize(mean=[0.485, 0.456, 0.406], std=[0.229, 0.224, 0.225])
    Resize(min_size=(800,), max_size=1333, mode='bilinear')
)
(backbone): BackboneWithFPN(
  (body): IntermediateLayerGetter(
    (conv1): Conv2d(3, 64, kernel_size=(7, 7), stride=(2, 2), padding=(3, 3), bias=False)
    (bn1): FrozenBatchNorm2d(64, eps=0.0)
    (relu): ReLU(inplace=True)
    (maxpool): MaxPool2d(kernel_size=3, stride=2, padding=1, dilation=1, ceil_mode=False)
    (layer1): Sequential(
      (0): Bottleneck(
        (conv1): Conv2d(64, 64, kernel_size=(1, 1), stride=(1, 1), bias=False)
        (bn1): FrozenBatchNorm2d(64, eps=0.0)
        (conv2): Conv2d(64, 64, kernel_size=(3, 3), stride=(1, 1), padding=(1, 1), bias=False)
        (bn2): FrozenBatchNorm2d(64, eps=0.0)
        (conv3): Conv2d(64, 256, kernel_size=(1, 1), stride=(1, 1), bias=False)
        (bn3): FrozenBatchNorm2d(256, eps=0.0)
        (relu): ReLU(inplace=True)
        (downsample): Sequential(
          (0): Conv2d(64, 256, kernel_size=(1, 1), stride=(1, 1), bias=False)
          (1): FrozenBatchNorm2d(256, eps=0.0)
        )
      )
      (1): Bottleneck(
        (conv1): Conv2d(256, 64, kernel_size=(1, 1), stride=(1, 1), bias=False)
        (bn1): FrozenBatchNorm2d(64, eps=0.0)
        (conv2): Conv2d(64, 64, kernel_size=(3, 3), stride=(1, 1), padding=(1, 1), bias=False)
        (bn2): FrozenBatchNorm2d(64, eps=0.0)
        (conv3): Conv2d(64, 256, kernel_size=(1, 1), stride=(1, 1), bias=False)
        (bn3): FrozenBatchNorm2d(256, eps=0.0)
        (relu): ReLU(inplace=True)
      )
      (2): Bottleneck(
        (conv1): Conv2d(256, 64, kernel_size=(1, 1), stride=(1, 1), bias=False)
        (bn1): FrozenBatchNorm2d(64, eps=0.0)
        (conv2): Conv2d(64, 64, kernel_size=(3, 3), stride=(1, 1), padding=(1, 1), bias=False)
        (bn2): FrozenBatchNorm2d(64, eps=0.0)
        (conv3): Conv2d(64, 256, kernel_size=(1, 1), stride=(1, 1), bias=False)
        (bn3): FrozenBatchNorm2d(256, eps=0.0)
        (relu): ReLU(inplace=True)
      )
    )
    (layer2): Sequential(
      (0): Bottleneck(
```

```
      (conv1): Conv2d(256, 128, kernel_size=(1, 1), stride=(1, 1), bias=False)
      (bn1): FrozenBatchNorm2d(128, eps=0.0)
      (conv2): Conv2d(128, 128, kernel_size=(3, 3), stride=(2, 2), padding=(1, 1), bias=False)
      (bn2): FrozenBatchNorm2d(128, eps=0.0)
      (conv3): Conv2d(128, 512, kernel_size=(1, 1), stride=(1, 1), bias=False)
      (bn3): FrozenBatchNorm2d(512, eps=0.0)
      (relu): ReLU(inplace=True)
      (downsample): Sequential(
        (0): Conv2d(256, 512, kernel_size=(1, 1), stride=(2, 2), bias=False)
        (1): FrozenBatchNorm2d(512, eps=0.0)
      )
    )
    (1): Bottleneck(
      (conv1): Conv2d(512, 128, kernel_size=(1, 1), stride=(1, 1), bias=False)
      (bn1): FrozenBatchNorm2d(128, eps=0.0)
      (conv2): Conv2d(128, 128, kernel_size=(3, 3), stride=(1, 1), padding=(1, 1), bias=False)
      (bn2): FrozenBatchNorm2d(128, eps=0.0)
      (conv3): Conv2d(128, 512, kernel_size=(1, 1), stride=(1, 1), bias=False)
      (bn3): FrozenBatchNorm2d(512, eps=0.0)
      (relu): ReLU(inplace=True)
    )
    (2): Bottleneck(
      (conv1): Conv2d(512, 128, kernel_size=(1, 1), stride=(1, 1), bias=False)
      (bn1): FrozenBatchNorm2d(128, eps=0.0)
      (conv2): Conv2d(128, 128, kernel_size=(3, 3), stride=(1, 1), padding=(1, 1), bias=False)
      (bn2): FrozenBatchNorm2d(128, eps=0.0)
      (conv3): Conv2d(128, 512, kernel_size=(1, 1), stride=(1, 1), bias=False)
      (bn3): FrozenBatchNorm2d(512, eps=0.0)
      (relu): ReLU(inplace=True)
    )
    (3): Bottleneck(
      (conv1): Conv2d(512, 128, kernel_size=(1, 1), stride=(1, 1), bias=False)
      (bn1): FrozenBatchNorm2d(128, eps=0.0)
      (conv2): Conv2d(128, 128, kernel_size=(3, 3), stride=(1, 1), padding=(1, 1), bias=False)
      (bn2): FrozenBatchNorm2d(128, eps=0.0)
      (conv3): Conv2d(128, 512, kernel_size=(1, 1), stride=(1, 1), bias=False)
      (bn3): FrozenBatchNorm2d(512, eps=0.0)
      (relu): ReLU(inplace=True)
    )
  )
  (layer3): Sequential(
    (0): Bottleneck(
      (conv1): Conv2d(512, 256, kernel_size=(1, 1), stride=(1, 1), bias=False)
      (bn1): FrozenBatchNorm2d(256, eps=0.0)
```

```
      (conv2): Conv2d(256, 256, kernel_size=(3, 3), stride=(2, 2), padding=(1, 1), bias=False)
      (bn2): FrozenBatchNorm2d(256, eps=0.0)
      (conv3): Conv2d(256, 1024, kernel_size=(1, 1), stride=(1, 1), bias=False)
      (bn3): FrozenBatchNorm2d(1024, eps=0.0)
      (relu): ReLU(inplace=True)
      (downsample): Sequential(
        (0): Conv2d(512, 1024, kernel_size=(1, 1), stride=(2, 2), bias=False)
        (1): FrozenBatchNorm2d(1024, eps=0.0)
      )
    )
    (1): Bottleneck(
      (conv1): Conv2d(1024, 256, kernel_size=(1, 1), stride=(1, 1), bias=False)
      (bn1): FrozenBatchNorm2d(256, eps=0.0)
      (conv2): Conv2d(256, 256, kernel_size=(3, 3), stride=(1, 1), padding=(1, 1), bias=False)
      (bn2): FrozenBatchNorm2d(256, eps=0.0)
      (conv3): Conv2d(256, 1024, kernel_size=(1, 1), stride=(1, 1), bias=False)
      (bn3): FrozenBatchNorm2d(1024, eps=0.0)
      (relu): ReLU(inplace=True)
    )
    (2): Bottleneck(
      (conv1): Conv2d(1024, 256, kernel_size=(1, 1), stride=(1, 1), bias=False)
      (bn1): FrozenBatchNorm2d(256, eps=0.0)
      (conv2): Conv2d(256, 256, kernel_size=(3, 3), stride=(1, 1), padding=(1, 1), bias=False)
      (bn2): FrozenBatchNorm2d(256, eps=0.0)
      (conv3): Conv2d(256, 1024, kernel_size=(1, 1), stride=(1, 1), bias=False)
      (bn3): FrozenBatchNorm2d(1024, eps=0.0)
      (relu): ReLU(inplace=True)
    )
    (3): Bottleneck(
      (conv1): Conv2d(1024, 256, kernel_size=(1, 1), stride=(1, 1), bias=False)
      (bn1): FrozenBatchNorm2d(256, eps=0.0)
      (conv2): Conv2d(256, 256, kernel_size=(3, 3), stride=(1, 1), padding=(1, 1), bias=False)
      (bn2): FrozenBatchNorm2d(256, eps=0.0)
      (conv3): Conv2d(256, 1024, kernel_size=(1, 1), stride=(1, 1), bias=False)
      (bn3): FrozenBatchNorm2d(1024, eps=0.0)
      (relu): ReLU(inplace=True)
    )
    (4): Bottleneck(
      (conv1): Conv2d(1024, 256, kernel_size=(1, 1), stride=(1, 1), bias=False)
      (bn1): FrozenBatchNorm2d(256, eps=0.0)
      (conv2): Conv2d(256, 256, kernel_size=(3, 3), stride=(1, 1), padding=(1, 1), bias=False)
      (bn2): FrozenBatchNorm2d(256, eps=0.0)
      (conv3): Conv2d(256, 1024, kernel_size=(1, 1), stride=(1, 1), bias=False)
      (bn3): FrozenBatchNorm2d(1024, eps=0.0)
```

```
        (relu): ReLU(inplace=True)
      )
      (5): Bottleneck(
        (conv1): Conv2d(1024, 256, kernel_size=(1, 1), stride=(1, 1), bias=False)
        (bn1): FrozenBatchNorm2d(256, eps=0.0)
        (conv2): Conv2d(256, 256, kernel_size=(3, 3), stride=(1, 1), padding=(1, 1), bias=False)
        (bn2): FrozenBatchNorm2d(256, eps=0.0)
        (conv3): Conv2d(256, 1024, kernel_size=(1, 1), stride=(1, 1), bias=False)
        (bn3): FrozenBatchNorm2d(1024, eps=0.0)
        (relu): ReLU(inplace=True)
      )
    )
    (layer4): Sequential(
      (0): Bottleneck(
        (conv1): Conv2d(1024, 512, kernel_size=(1, 1), stride=(1, 1), bias=False)
        (bn1): FrozenBatchNorm2d(512, eps=0.0)
        (conv2): Conv2d(512, 512, kernel_size=(3, 3), stride=(2, 2), padding=(1, 1), bias=False)
        (bn2): FrozenBatchNorm2d(512, eps=0.0)
        (conv3): Conv2d(512, 2048, kernel_size=(1, 1), stride=(1, 1), bias=False)
        (bn3): FrozenBatchNorm2d(2048, eps=0.0)
        (relu): ReLU(inplace=True)
        (downsample): Sequential(
          (0): Conv2d(1024, 2048, kernel_size=(1, 1), stride=(2, 2), bias=False)
          (1): FrozenBatchNorm2d(2048, eps=0.0)
        )
      )
      (1): Bottleneck(
        (conv1): Conv2d(2048, 512, kernel_size=(1, 1), stride=(1, 1), bias=False)
        (bn1): FrozenBatchNorm2d(512, eps=0.0)
        (conv2): Conv2d(512, 512, kernel_size=(3, 3), stride=(1, 1), padding=(1, 1), bias=False)
        (bn2): FrozenBatchNorm2d(512, eps=0.0)
        (conv3): Conv2d(512, 2048, kernel_size=(1, 1), stride=(1, 1), bias=False)
        (bn3): FrozenBatchNorm2d(2048, eps=0.0)
        (relu): ReLU(inplace=True)
      )
      (2): Bottleneck(
        (conv1): Conv2d(2048, 512, kernel_size=(1, 1), stride=(1, 1), bias=False)
        (bn1): FrozenBatchNorm2d(512, eps=0.0)
        (conv2): Conv2d(512, 512, kernel_size=(3, 3), stride=(1, 1), padding=(1, 1), bias=False)
        (bn2): FrozenBatchNorm2d(512, eps=0.0)
        (conv3): Conv2d(512, 2048, kernel_size=(1, 1), stride=(1, 1), bias=False)
        (bn3): FrozenBatchNorm2d(2048, eps=0.0)
        (relu): ReLU(inplace=True)
      )
```

```
        )
      )
      (fpn): FeaturePyramidNetwork(
        (inner_blocks): ModuleList(
          (0): Conv2d(256, 256, kernel_size=(1, 1), stride=(1, 1))
          (1): Conv2d(512, 256, kernel_size=(1, 1), stride=(1, 1))
          (2): Conv2d(1024, 256, kernel_size=(1, 1), stride=(1, 1))
          (3): Conv2d(2048, 256, kernel_size=(1, 1), stride=(1, 1))
        )
        (layer_blocks): ModuleList(
          (0): Conv2d(256, 256, kernel_size=(3, 3), stride=(1, 1), padding=(1, 1))
          (1): Conv2d(256, 256, kernel_size=(3, 3), stride=(1, 1), padding=(1, 1))
          (2): Conv2d(256, 256, kernel_size=(3, 3), stride=(1, 1), padding=(1, 1))
          (3): Conv2d(256, 256, kernel_size=(3, 3), stride=(1, 1), padding=(1, 1))
        )
        (extra_blocks): LastLevelMaxPool()
      )
    )
    (rpn): RegionProposalNetwork(
      (anchor_generator): AnchorGenerator()
      (head): RPNHead(
        (conv): Conv2d(256, 256, kernel_size=(3, 3), stride=(1, 1), padding=(1, 1))
        (cls_logits): Conv2d(256, 3, kernel_size=(1, 1), stride=(1, 1))
        (bbox_pred): Conv2d(256, 12, kernel_size=(1, 1), stride=(1, 1))
      )
    )
    (roi_heads): RoIHeads(
       (box_roi_pool): MultiScaleRoIAlign(featmap_names=['0', '1', '2', '3'], output_
size=(7, 7), sampling_ratio=2)
      (box_head): TwoMLPHead(
        (fc6): Linear(in_features=12544, out_features=1024, bias=True)
        (fc7): Linear(in_features=1024, out_features=1024, bias=True)
      )
      (box_predictor): FastRCNNPredictor(
        (cls_score): Linear(in_features=1024, out_features=2, bias=True)
        (bbox_pred): Linear(in_features=1024, out_features=8, bias=True)
      )
       (mask_roi_pool): MultiScaleRoIAlign(featmap_names=['0', '1', '2', '3'], output_
size=(14, 14), sampling_ratio=2)
      (mask_head): MaskRCNNHeads(
        (mask_fcn1): Conv2d(256, 256, kernel_size=(3, 3), stride=(1, 1), padding=(1, 1))
        (relu1): ReLU(inplace=True)
        (mask_fcn2): Conv2d(256, 256, kernel_size=(3, 3), stride=(1, 1), padding=(1, 1))
        (relu2): ReLU(inplace=True)
```

```
      (mask_fcn3): Conv2d(256, 256, kernel_size=(3, 3), stride=(1, 1), padding=(1, 1))
      (relu3): ReLU(inplace=True)
      (mask_fcn4): Conv2d(256, 256, kernel_size=(3, 3), stride=(1, 1), padding=(1, 1))
      (relu4): ReLU(inplace=True)
    )
    (mask_predictor): MaskRCNNPredictor(
      (conv5_mask): ConvTranspose2d(256, 256, kernel_size=(2, 2), stride=(2, 2))
      (relu): ReLU(inplace=True)
      (mask_fcn_logits): Conv2d(256, 2, kernel_size=(1, 1), stride=(1, 1))
    )
  )
)
```

这个模型定义能够帮助我们确定当前正在使用的架构以及可以在此基础上进行的修改。完成这一步骤后，再编写一些显示 mask 的代码：

```
def get_mask_color(mask_conf):
    ## 用于生成 mask 的辅助函数
    colour_option = [[0, 250, 0],[0, 0, 250],[250, 0, 0],[0, 250, 250],[250, 250, 0],
    [250, 0, 250],[75, 65, 170],[230, 75, 180],[235, 130, 40],[60, 140, 240],[40, 180,
    180]]
    blue = np.zeros_like(mask_conf).astype(np.uint8)
    green = np.zeros_like(mask_conf).astype(np.uint8)
    red = np.zeros_like(mask_conf).astype(np.uint8)

    red[mask_conf == 1], green[mask_conf == 1], blue[mask_conf == 1] = colour_option
    [random.randrange(0,10)]
    mask_color = np.stack([red, green, blue], axis=2)
    return mask_color

def generate_prediction(image_path, conf):
    ## 用于生成预测的辅助函数
    image = Image.open(image_path)
    transform = T.Compose([T.ToTensor()])
    image = transform(image)

    image = image.to(device)
    predicted = final_model([image])
    predicted_score = list(predicted[0]['scores'].detach().cpu().numpy())
    predicted_temp = [predicted_score.index(x) for x in predicted_score if x>conf][-1]
    masks = (predicted[0]['masks']>0.5).squeeze().detach().cpu().numpy()
    # print(pred[0]['labels'].numpy().max())
    predicted_class_val = [CLASSES[i] for i in list(predicted[0]['labels'].cpu().numpy())]
    predicted_box_val = [[(i[0], i[1]), (i[2], i[3])] for i in list(predicted[0]['boxes'].
```

```
detach().cpu().numpy())]
    masks = masks[:predicted_temp+1]
    predicted_class_name = predicted_class_val[:predicted_temp+1]
    predicted_box_score = predicted_box_val[:predicted_temp+1]

    return masks, predicted_box_score, predicted_class_name

def segment_image(image_path, confidence=0.5, rect_thickness=2, text_size=2, text_thickness=2):

    masks_conf, box_conf, predicted_class = generate_prediction(image_path, confidence)
    image = cv2.imread(image_path)
    image = cv2.cvtColor(image, cv2.COLOR_BGR2RGB)
    for i in range(len(masks_conf)):
      rgb_mask = get_mask_color(masks_conf[i])
      image = cv2.addWeighted(image, 1, rgb_mask, 0.5, 0)
         cv2.rectangle(image, box_conf[i][0], box_conf[i][1],color=(0, 255, 0),
thickness=rect_thickness)
    cv2.putText(image,predicted_class[i], box_conf[i][0], cv2.FONT_HERSHEY_SIMPLEX, text_
size, (0,255,0),thickness=text_thickness)
    plt.figure(figsize=(20,30))
    plt.imshow(image)
    plt.xticks([])
    plt.yticks([])
    plt.show()

segment_image('/content/pedestrian_img.jpg', confidence=0.7)
```

图 4-3 展示了输出结果。

图 4-3　自定义数据的输出

4.4 小结

本章讨论了图像分割的工作方式及其在市场上的各种变体。这是解决图像分割相关问题的关键。同时，本章通过一个例子解释了微调 (fine-tuning) 的概念。在本章中学到的知识有助于大家理解计算机视觉的概念。

下一章将探讨如何构建流水线，以帮助解决图像相似性的相关业务问题。

第 5 章

基于图的搜索和推荐系统

为了保留现有客户并吸引新客户，客户服务需要达到一流水平，尤其是在电商领域。现在，电商平台已经达到了数千个，而未来这个数字只会不断增加。只有那些能提供出色的客户体验的平台，才能在长期竞争中生存下来。

问题是，怎样才能提供优质的客户服务？其实，提升客户体验有很多种方法。比如：搜索引擎升级，这不仅能让客户满意，还可以通过互链来增加销售额。

有许多方法可以结合自然语言处理、深度学习等技术来使用搜索引擎和推荐引擎。最新颖的一种方式是图像处理。我们可以借助图像处理、深度学习和预训练模型来创建基于图的搜索和推荐系统，进而实现增长。

5.1 问题陈述

当用户在电商平台上进行搜索时，通常会搜索产品的名称和描述。举例来说，假设你想找一件蓝色的 T 恤。可以使用简单的搜索语句来获取相关结果。然而，假设你在某次聚会上看到某人穿的一件 T 恤，蓝色的，带有白色条纹，还有黑色的花卉图案和红色的领口。这是一个难以搜索的描述，搜索结果很可能不尽人意。这就是基于图的搜索和推荐系统的“用武之地”。

我们可以根据图来给出推荐，而不是根据用户提供的产品描述来提供即时推荐。比起文字描述，这种方式能够捕捉到更多产品细节，特别是在时尚品类中。

5.2 方法和方法论

要搜索图的话，首先需要了解机器是如何分析这些图的。我们需要将这些图转换为数字或向量。只要做到了这一点，解决它就只是时间问题了。

可以用预训练的模型将图表示为向量或嵌入数据。在本项目中，可以使用 PyTorch 中的 ResNet-18 模型[①]，后者把图转换为嵌入信息或向量。

我们的目标是根据输入找到相似的图。为了实现这个目标，我们需要完成下面几个任务，如图 5-1 所示。

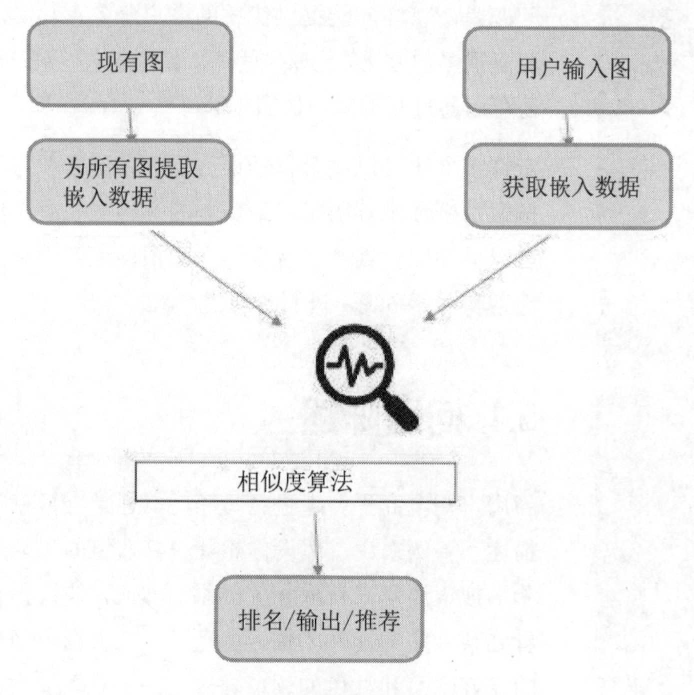

图 5-1 图的相似度流程图

1. 导入现有的图、搜索。第一步是将图加载到工作环境中。我们将使用 OpenCV 的功能来完成这个任务。

① 译注：这种类型的卷积神经网络有 18 层深度，其中包括带有权重的卷积层和全连接层。

2. 将图向量化处理。加载图之后，可以看到它们是 JPG 格式的，无法被 Python 读取。我们无法使用 JPG 完成任何任务。所以，为了让算法能理解和处理图，我们需要将图转换为向量或嵌入 (embedding) 数据。我们将使用 PyTorch 的 ResNet 来将图转换为嵌入。
3. 计算相似度得分。有了嵌入格式的图后，就可以将余弦相似度应用到数据集上。这将返回一个介于 0 和 1 之间的分数，这个分数决定了两个图的相似程度。值越接近 1，说明图越相似，值越接近 0，说明图不相似。
4. 推荐。根据余弦相似度矩阵，我们对用户输入的索引或图的相似度分数进行排序，并返回前 6 或前 10 个最相似的项目。

5.3 实现

现在，我们已经理解问题的定义及其解决思路，是时候实现了。

5.3.1 数据集

在这个案例中，将使用一个知名的 Kaggle 数据集。数据集的下载链接为 https://www.kaggle.com/paramaggarwal/fashion-product-images-small

数据集中包括以下文件：

- 一个名为“images”的文件夹，其中包含数据集中所有项目的图。图的命名格式为 [id].jpg，其中，“[id]”是在 CSV 文件中为每个项目分配的唯一标识符
- 一个名为“styles.csv”的 CSV 文件，包含 10 列数据

styles.csv 中的 10 列数据的定义如下：

id：分配给该项目的唯一编号

gender：性别 (不必要的偏见，应避免)

masterCategory：项目所属的主类别

subCategory：项目所属的子类别

articleType：产品类型

baseColor：产品的基础颜色

season：适合的季节

year：上传该项目时的年份

usage：项目的使用场合

productDisplayName：在网页上的显示名称

5.3.2 安装和导入库

我们要用到 OpenCV 和 PyTorch vision，先安装：

```
!pip install swifter
!pip install torchvision
!pip install opencv-python

# 导入 matplotlib，用于绘图
import matplotlib.pyplot as plt

# 导入 numpy，用于数值运算
import numpy as np

# 导入 pandas，用于预处理
import pandas as pd

# 导入 joblib 来转储和加载嵌入的 df
import joblib

# 导入 cv2 来读取图
import cv2

# 导入 cosine_similarity 来查找图的相似性
from sklearn.metrics.pairwise import cosine_similarity

# 导入 flatten 从 pandas 来展平二维数组
from pandas.core.common import flatten
# 导入下面的库以用于模型构建

import torch
import torch.nn as nn
# 导入 cv 模型
import torchvision.models as models
import torchvision.transforms as transforms
```

```
from torch.autograd import Variable

# 导入图
from PIL import Image

import warnings
warnings.filterwarnings("ignore")
```

5.3.3 导入和理解数据

导入数据并尝试理解，需要导入以下数据：

- 图的元数据
- 图本身

```
# 导入元数据
df = pd.read_csv('../fashion-product-images-small/styles.csv', error_bad_lines=False,
warn_bad_lines=False)

# 前10行
df.head(10)
```

如图 5-2 所示，第一列是图的 ID。元数据中保存了图 ID 以及关于图的所有信息。

	id	gender	masterCategory	subCategory	article Type	baseColour	season	year	usage	productDisplayName
0	15970	Men	Apparel	Topwear	Shirts	Navy Blue	Fall	2011.0	Casual	Turtie Check Men Navy Blue Shirt
1	39386	Men	Apparel	Bottomwear	Jeans	Blue	Summer	2012.0	Casual	Peter Engiand Men Party Blue Jeans
2	59263	Women	Accessories	Watches	Watches	Silver	Winter	2016.0	Casual	Titan Women Silver Watch
3	21379	Men	Apparel	Bottomwear	Track Pants	Black	Fall	2011.0	Casual	Manchester United Men Solid Black Track Pants
4	53759	Men	Apparel	Topwear	Tshirts	Grey	Summer	2012.0	Casual	Puma Men Grey T-shirt
5	1855	Men	Apparel	Topwear	Tshirts	Grey	Summer	2011.0	Casual	Inkfruit Mens Chain Reaction T-shirt
6	30805	Men	Apparel	Topwear	Shirts	Green	Summer	2012.0	Ethnic	Fabindia Men Striped Green Shirt
7	26960	Women	Apparel	Topwear	Shirts	Purple	Summer	2012.0	Casual	Jealous 21 Women Purple Shirt
8	29114	Men	Accessories	Socks	Socks	Navy Blue	Summer	2012.0	Casual	Puma Men Pack of 3 Socks
9	30039	Men	Accessories	Watches	Watches	Black	Winter	2016.0	Casual	Skagen Men Black Watch

图 5-2　输入数据快照

我们来看看不同的 articleTypes 及其频率：

```
# 设置样式
plt.style.use('ggplot')
```

```
# 了解数据有多少种不同的 articleType 并了解其频率

plt.figure(figsize=(7,28))
df.articleType.value_counts().sort_values().plot(kind='barh')
```

图 5-3 显示了输出结果。tshirts 和 shirts 这两个类别的数量最多。

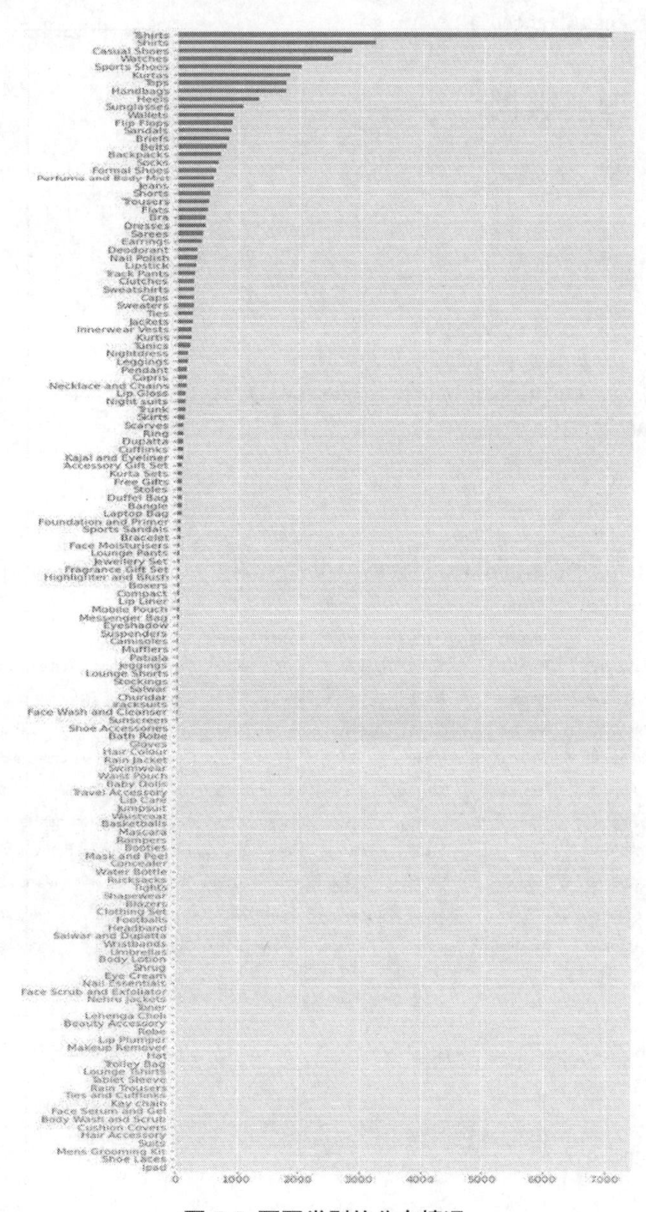

图 5-3 不同类别的分布情况

新创建一列，命名为“image”，用于储存对应商品 ID 的图的名称：

```
# 创建一个新列来存储与每个项目 ID 对应的图像文件名
df['image'] = df.apply(lambda row: str(row['id']) + “.jpg”, axis=1)

# 重置索引
df = df.reset_index(drop=True)


df.head()
```

如图 5-4 所示，数据集中有了一个新的列 (image)，其中储存了图的名称。我们将在下一部分的代码中创建一个函数，它可以帮助我们轻松获取每张图像的路径：

```
# 图的路径
def image_location(img):
    return '../input/fashion-product-images-small/images/' + img
# 加载图的函数
def import_img(image):
    image = cv2.imread(image_location(image))
    return image
```

	id	gender	masterCategory	subCategory	article Type	baseColour	season	year	usage	productDisplayName	image
0	15970	Men	Apparel	Topwear	Shirts	Navy Blue	Fall	2011.0	Casual	Turtie Check Men Navy Blue Shirt	15970.jpg
1	39386	Men	Apparel	Bottomwear	Jeans	Blue	Summer	2012.0	Casual	Peter Engiand Men Party Blue Jeans	39386.jpg
2	59263	Women	Accessories	Watches	Watches	Silver	Winter	2016.0	Casual	Titan Women Silver Watch	59263.jpg
3	21379	Men	Apparel	Bottomwear	Track Pants	Black	Fall	2011.0	Casual	Manchester United Men Solid Black Track Pants	21379.jpg
4	53759	Men	Apparel	Topwear	Tshirts	Grey	Summer	2012.0	Casual	Puma Men Grey T-shirt	53759.jpg

图 5-4　数据快照

这些函数将帮助我们使用 cv2 加载图。接着，再来新建一个可以根据给定行和列名显示图的函数：

```
def show_images(images, rows = 1, cols=1,figsize=(12, 12)):
    # 定义图
    fig, axes = plt.subplots(ncols=cols, nrows=rows,figsize=figsize)

    # 循环遍历所有图
    for index,name in enumerate(images):
        axes.ravel()[index].imshow(cv2.cvtColor(images[name], cv2.COLOR_BGR2RGB))
        axes.ravel()[index].set_title(name)
        axes.ravel()[index].set_axis_off()

    # 绘图
```

```
    plt.tight_layout()

# 生成一个 {index, image} 的字典
figures = {'im'+str(i): import_img(row.image) for i, row in df.sample(6).iterrows()}

# 在一个图中绘制图，行数为 2，列数为 3
show_images(figures, 2, 3)
```

图 5-5 显示了行数为 2，列数为 3 的图。

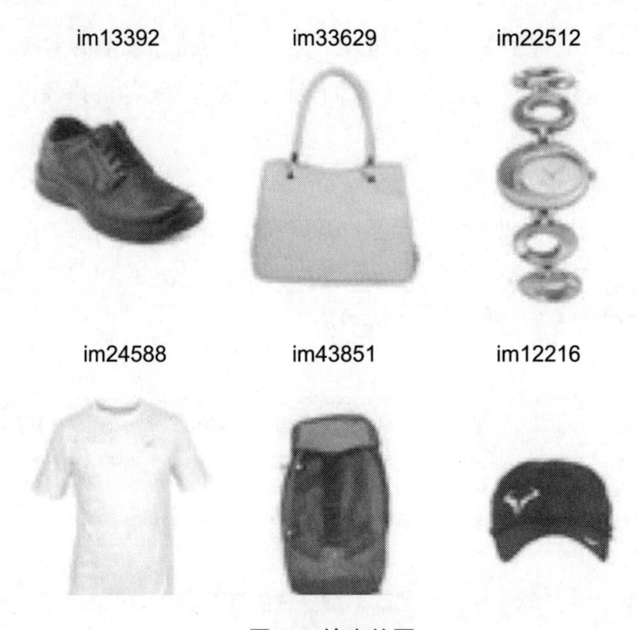

图 5-5 输出的图

5.3.4 特征工程

绘制图的目的是更好地理解它们，但正如前文中多次提到的那样，我们需要使用像素将图转换为数字。图需要被转换为嵌入向量。我们可以自己训练嵌入向量，也可以使用预训练的图像模型来获取更好的性能。在这个例子中，我们将使用 PyTorch 的 ResNet18 模型来将图转换为特征向量。

首先，需要花一些时间来理解 ResNet 是如何工作的。

ResNet-18

ResNet-18 是一种卷积神经网络 (CNN)。数字 18 指的是它有 18 层深。该模型通过数百万来自 ImageNet 数据集的图像进行训练。ResNet18 能够分类超过 1000 种不同的物体类型。图 5-6 显示了来自 ResNet18 论文的原始架构。

实现如下：

```
# 定义输入形状
width= 224
height= 224

# 加载预训练的模型
resnetmodel = models.resnet18(pretrained=True)

# 选择层
layer = resnetmodel._modules.get('avgpool')

# 评估
resnetmodel.eval()
```

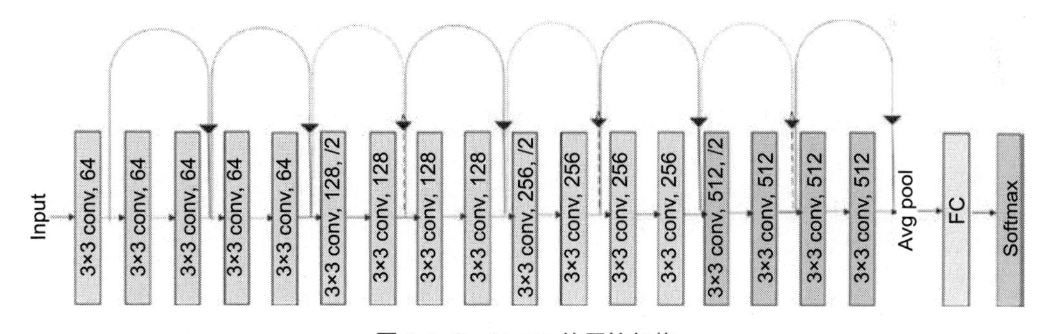

图 5-6 ResNet18 的原始架构

图 5-7 显示了模型的架构。

```
ResNet(
  (conv1): Conv2d(3, 64, kernel_size=(7, 7), stride=(2, 2), padding=(3, 3), bias=False)
  (bn1): BatchNorm2d(64, eps=1e-05, momentum=0.1, affine=True, track_running_stats=True)
  (relu): ReLU(inplace=True)
  (maxpool): MaxPool2d(kernel_size=3, stride=2, padding=1, dilation=1, ceil_mode=False)
  (layer1): Sequential(
    (0): BasicBlock(
      (conv1): Conv2d(64, 64, kernel_size=(3, 3), stride=(1, 1), padding=(1, 1), bias=False)
      (bn1): BatchNorm2d(64, eps=1e-05, momentum=0.1, affine=True, track_running_stats=True)
      (relu): ReLU(inplace=True)
      (conv2): Conv2d(64, 64, kernel_size=(3, 3), stride=(1, 1), padding=(1, 1), bias=False)
      (bn2): BatchNorm2d(64, eps=1e-05, momentum=0.1, affine=True, track_running_stats=True)
    )
    (1): BasicBlock(
      (conv1): Conv2d(64, 64, kernel_size=(3, 3), stride=(1, 1), padding=(1, 1), bias=False)
      (bn1): BatchNorm2d(64, eps=1e-05, momentum=0.1, affine=True, track_running_stats=True)
      (relu): ReLU(inplace=True)
      (conv2): Conv2d(64, 64, kernel_size=(3, 3), stride=(1, 1), padding=(1, 1), bias=False)
      (bn2): BatchNorm2d(64, eps=1e-05, momentum=0.1, affine=True, track_running_stats=True)
    )
  )
  (layer2): Sequential(
    (0): BasicBlock(
      (conv1): Conv2d(64, 128, kernel_size=(3, 3), stride=(2, 2), padding=(1, 1), bias=False)
      (bn1): BatchNorm2d(128, eps=1e-05, momentum=0.1, affine=True, track_running_stats=True)
      (relu): ReLU(inplace=True)
      (conv2): Conv2d(128, 128, kernel_size=(3, 3), stride=(1, 1), padding=(1, 1), bias=False)
```

图 5-7 模型的架构

现在，为图像提取嵌入向量并将它们保存在一个对象中：

```
# 数据缩放
s_data = transforms.Scale((224, 224))

# 标准化
standardize = transforms.standardize(mean=[0.7, 0.6, 0.3],
std=[0.2, 0.3, 0.1])
# 转换为张量
convert_tensor = transforms.ToTensor()

# 创建缺失的图像对象
missing_img = []

#获取嵌入向量的函数
def vector_extraction(resnetmodel, image_id):
    # 异常处理，忽略缺失的图像

    try:
        img = Image.open(image_location(image_id)).convert('RGB')
```

```
        t_img = Variable(standardize(convert_tensor(s_data(img))).unsqueeze(0))
        embeddings = torch.zeros(512)
        def select_d(m, i, o):
            embeddings.copy_(o.data.reshape(o.data.size(1)))
        hlayer = layer.register_forward_hlayer(select_d)
        resnetmodel(t_img)
        hlayer.remove()
        emb = embeddings
        return embeddings

    # 如果未找到文件
    except FileNotFoundError:
        # 将这类项目的索引存储在 missing_img 列表中，稍后将删除它们
        missed_img = df[df['image']==image_id].index
        print(missed_img)
        missing_img.append(missed_img)
```

该函数加载图像，将其调整为 224*224 的尺寸，并将其转换为数组，然后再将此数组输入 ResNet 模型。这将返回一个包含 512 个值的数组，这些值代表该特定图像的 512 个特征向量。

将这个函数应用到一个样本图像上，看看输出结果：

```
# 测试 vector_extraction 函数是否能在样本图像上良好运行
sample_embedding_0 = vector_extraction(resnetmodel, df.iloc[0].image)

# 绘制样本图像及其嵌入

img_array = import_img(df.iloc[0].image)
plt.imshow(cv2.cvtColor(img_array, cv2.COLOR_BGR2RGB))
print(img_array.shape)
print(sample_embedding_0)
```

```
(80, 60, 3)
tensor([1.6732e-02, 9.8327e-01, 4.0268e-02, 1.1314e-01, 2.0513e-01, 1.2468e+00,
        3.5904e-02, 3.3680e-01, 1.3279e+00, 4.8053e-01, 4.5403e-02, 2.1866e-01,
        1.2002e+00, 1.2201e-01, 0.0000e+00, 9.9961e-03, 5.6686e-01, 0.0000e+00,
        1.9427e-02, 2.7316e-01, 2.9556e-01, 1.0254e+00, 1.1648e+00, 5.4014e-01,
        2.9776e-02, 1.2624e-01, 5.3572e-01, 2.1451e+00, 1.5348e-01, 3.6843e-01,
        1.1278e+00, 2.5455e-01, 2.3566e-01, 9.0818e-01, 1.4324e+00, 1.0864e+00,
        7.2151e-01, 2.8588e-01, 5.6683e-01, 7.9897e-02, 6.0556e-01, 6.3392e-02,
        2.2239e-01, 1.5460e+00, 2.6952e+00, 0.0000e+00, 4.6124e-02, 2.3475e-02,
        1.3130e+00, 5.5342e-01, 2.3303e+00, 3.7319e-01, 7.1914e-01, 4.4571e-01,
        8.5868e-01, 5.1455e-01, 4.8082e-01, 2.3485e+00, 4.6088e-01, 1.9201e+00,
        3.0348e-01, 7.3000e-01, 8.2374e-01, 5.0691e-01, 1.0031e-01, 3.2392e-02,
        5.1186e-01, 2.9504e-01, 1.7705e-01, 1.4258e+00, 4.5813e-01, 1.8374e+00,
        1.4661e-01, 6.7185e-02, 2.7939e+00, 3.2873e-01, 1.1578e+00, 2.1376e+00,
        4.7114e-01, 4.1420e-01, 1.0309e+00, 1.8506e+00, 3.0370e-02, 2.0246e+00,
        2.5223e+00, 1.1975e-01, 8.8195e-01, 1.7082e-01, 4.0317e+00, 2.5442e+00,
        5.8607e-01, 5.5378e-01, 1.5619e+00, 2.5786e+00, 1.9007e+00, 1.1317e+00,
        6.3828e-01, 1.2285e+00, 4.2008e-01, 1.8927e-01, 5.8589e-02, 2.8445e-01,
        1.5736e-01, 0.0000e+00, 7.2721e-01, 2.5659e+00, 5.7278e+00, 1.6366e-01,
```

图 5-8 图像的输出张量

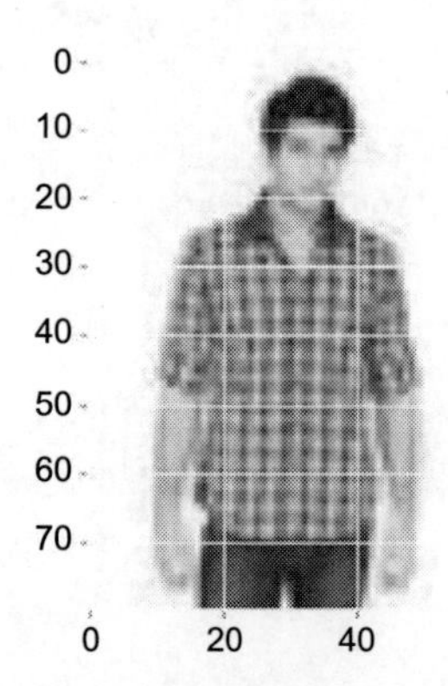

图 5-9 样本图像

图 5-8 和图 5-9 展示了数据集中随机样本的样本图像及其向量。

```
# 测试 vector_extraction 函数是否能在样本图像上良好运行
sample_embedding_1 = vector_extraction(resnetmodel, df.iloc[1000].image)

# 绘制样本图像及其嵌入
img_array = import_img(df.iloc[1000].image)
plt.imshow(cv2.cvtColor(img_array, cv2.COLOR_BGR2RGB))
```

```
print(img_array.shape)
print(sample_embedding_1)
```

```
1.6123e+00, 8.5854e-02, 2.3598e-01, 5.3520e-01, 7.1433e-01, 6.8964e-01,
2.2787e-01, 2.2046e+00, 1.6270e-01, 4.7040e-01, 3.4608e+00, 8.8849e-01,
3.3635e-01, 5.2675e-01, 2.0564e-01, 1.8067e-01, 2.1441e-02, 7.7205e-01,
2.2574e-01, 2.7452e-01, 0.0000e+00, 4.3661e-02, 4.2577e-01, 2.4761e-01,
1.6707e-01, 1.0226e-01, 4.7133e-02, 7.4051e-01, 1.7953e-01, 3.6949e-01,
1.7816e-01, 8.2362e-01, 0.0000e+00, 1.3964e-01, 2.2376e+00, 2.8166e-01,
6.7271e-04, 0.0000e+00])
```

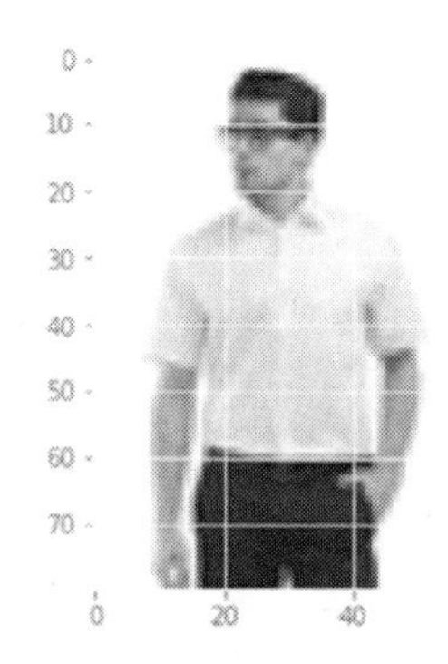

图 5-10　输出张量

图 5-10 展示了数据集中随机选取的另一张样本图像及其对应的特征向量。打印 emb0 和 emb1(这两个变量分别储存了两张图像的特征向量)时，我们可以看到 512 个值组成的数组。这些就是特征向量。我们可以看出，这些向量与对应的图像是相对应的。

现在，采用这些嵌入向量并利用余弦相似度来计算它们之间的距离，这将帮助我们根据得到的值判断物品的相似性：

```
# 找到这两个图像之间的相似性
cos_sim = cosine_similarity(sample_embedding_0.unsqueeze(0),
sample_embedding_1.unsqueeze(0))

print('\nCosine similarity: {0}\n'.format(cos_sim))

# 输出
Cosine similarity: [[0.8811257]]
```

这两张图之间的相似度为 0.88，意味着这两张图几乎相同。观察这两张图，可以发现两件衬衫的尺寸一致，这就是它们相似度很高的原因。

我们只提取了两张图的嵌入向量。现在，编写一个循环，提取数据集中所有图的特征向量：

```
%%time
import swifter

# 在这个庞大数据集的子集上应用嵌入
df_embeddings = df[:5000] # 我们也可以应用在整个 df 上，例如：df_embeddings = df

# 循环遍历图以获取嵌入
map_embeddings = df_embeddings['image'].swifter.apply(lambda img: vector_
extraction(resnetmodel, img))

# 转换为序列
df_embs = map_embeddings.apply(pd.Series)
print(df_embs.shape)
df_embs.head()
```

```
Pandas Apply:   0%|          | 0/5000 [00:00<?, ?it/s]

(5000, 512)
CPU times: user 10min 49s, sys: 3.65 s, total: 10min 53s
Wall time: 5min 44s
```

	0	1	2	3	4	5	6	7	8	9	...	502	503	504	505	506
0	0.016732	0.983267	0.040268	0.113140	0.205126	1.246753	0.035904	0.336803	1.327888	0.480529	...	0.584026	0.483292	1.229776	0.738820	0.000000
1	0.034120	0.804465	0.071094	0.286108	0.118644	0.485673	0.767113	0.116924	1.131223	1.229429	...	0.125503	0.554490	0.160279	0.211642	0.000000
2	0.306779	0.196791	2.325818	0.337869	0.206403	0.410262	2.865744	0.493546	2.894568	3.824196	...	0.377007	3.216576	2.293661	1.343940	1.047547
3	0.082566	0.312828	0.318465	0.045758	0.207992	0.486139	0.871359	0.437957	0.861973	1.257671	...	0.000401	0.126220	0.117900	0.174461	0.000000
4	0.146032	0.624985	0.023857	0.201500	0.273301	2.073840	0.038832	0.537207	1.338017	0.428539	...	0.039452	1.069758	0.774631	0.874319	0.000000

5 rows × 512 columns

图 5-11 嵌入快照

我们得到了前 5000 张图的特征向量。获取这些特征向量花费了很长时间。为了节省时间，我们会将这个嵌入保存在本地系统中，以供将来使用。

保存方式如下：

- 使用 pandas 库的 df.to_csv( ) 函数
- 使用 joblib 库的 joblib.dump( ) 函数

```
# 导出嵌入向量
df_embs.to_csv('df_embs.csv')

# 导入嵌入向量
df_embs = pd.read_csv('df_embs.csv')
df_embs.drop(['Unnamed: 0','index'],axis=1,inplace=True)
df_embs.dropna(inplace=True)

# 以 pkl 格式导出
```

```
joblib.dump(df_embs, 'df_embs.pkl', 9)

# 导入 pkl 文件
df_embs = joblib.load('df_embs.pkl')
```

5.3.5 计算相似度和排名

现在，我们已经为每一张图获取了特征向量，可以计算它们的相似度并根据相似度进行排序，最后得出推荐的图。

```
# 计算图间的相似度（使用嵌入值）
cosine_sim = cosine_similarity(df_embs)

# 预览前 4 行和前 4 列的相似度，这么做只是为了检查 cosine_sim 的结构
cosine_sim[:4, :4]

# 输出
array([[1.0000007 , 0.76683545, 0.5455518 , 0.779508 ],
       [0.76683545, 1.0000002 , 0.49617064, 0.88492715],
       [0.5455518 , 0.49617064, 0.9999991 , 0.52310663],
       [0.779508  , 0.88492715, 0.52310663, 1.000001  ]], dtype=float32)
```

两个向量的余弦相似度计算方式如图 5-12 所示。

$$\text{相似度}(A,B)=\frac{A\cdot B}{\|A\|\times\|B\|}=\frac{\sum_{i=1}^{n}A_i\times B_i}{\sqrt{\sum_{i=1}^{n}A_i^2}\times\sqrt{\sum_{i=1}^{n}B_i^2}}$$

图 5-12　计算余弦相似度的公式

有了相似度矩阵之后，接下来定义一个函数，根据余弦相似度得分给出推荐。为了得到所需的推荐，需要在函数中输入以下三个参数：

- 图像 ID
- 元数据数据集的名称
- 需要的推荐数量

```
# 将索引值存储在 index_vales 序列中，用于推荐
index_vales = pd.Series(range(len(df)), index=df.index)
```

```
index_vales

# 定义一个函数，根据余弦相似度得分推荐图
def recommend_images(ImId, df, top_n = 6):

    # 为参考图分配索引
    sim_ImId = index_vales[ImId]

    # 将所有其他项目与用户请求的项目的余弦相似度存储在 sml_scr 中
    sml_scr = list(enumerate(cosine_sim[sim_ImId]))

    # 为 sml_scr 列表排序
    sml_scr = sorted(sml_scr, key=lambda x: x[1], reverse=True)

    # 从 sml_scr 中提取前 n 个值
    sml_scr = sml_scr[1:top_n+1]

    # ImId_rec 将返回相似项目的索引
    ImId_rec = [i[0] for i in sml_scr]

    # ImId_sim 将返回相似度得分的值
    ImId_sim = [i[1] for i in sml_scr]
    return index_vales.iloc[ImId_rec].index, ImId_sim
```

我们创建了一个函数，它接受目标图的索引、数据框架以及希望推荐的图的数量作为参数。

当我们将这三个参数输入这个函数时，它会返回最相似的 n 张图的索引及其相似度得分：

```
# 下面是一个示例
recommend_images(3810, df, top_n = 5)

# 输出
(Int64Index([2400, 3899, 3678, 4818, 2354], dtype='int64'),
 [0.9632292, 0.9571406, 0.95574236, 0.9539639, 0.95376974])
```

仅返回图索引和相似度得分是不够的，还需要通过绘制推荐索引中的图来对推荐结果进行可视化。

5.3.6 可视化推荐结果

我们来到了本章最有趣的部分——结果。创建一个函数来可视化这些推荐，然后对它们进行评估：

```
def Rec_viz_image(input_imageid):

    # 获取推荐
    idx_rec, idx_sim = recommend_images(input_imageid, df, top_n = 6)

    # 打印相似度得分
    print (idx_sim)

    # 绘制用户请求的项目的图
    plt.imshow(cv2.cvtColor(import_img(df.iloc[input_imageid].image), cv2.COLOR_BGR2RGB))

    # 生成一个 { 索引 , 图像 } 的字典
    figures = {'im'+str(i): import_img(row.image) for i, row in df.loc[idx_rec].iterrows()}

    # 在一个图中绘制相似图，有 2 行 3 列
    show_images(figures, 2, 3)
```

可视化函数调用 recommend_images 函数并存储返回的索引和得分。通过这些索引，我们可以使用 plot_figures 函数来绘制存储的图像。

让我们看一些例子。第一张图是索引为 3810 的图，接下来的是与它最相似的 6 个项目：

```
Rec_viz_image(3810)
[0.9632292, 0.9571406, 0.95574236, 0.9539639, 0.95376974, 0.9536929]
```

图 5-13 展示了输入的图。

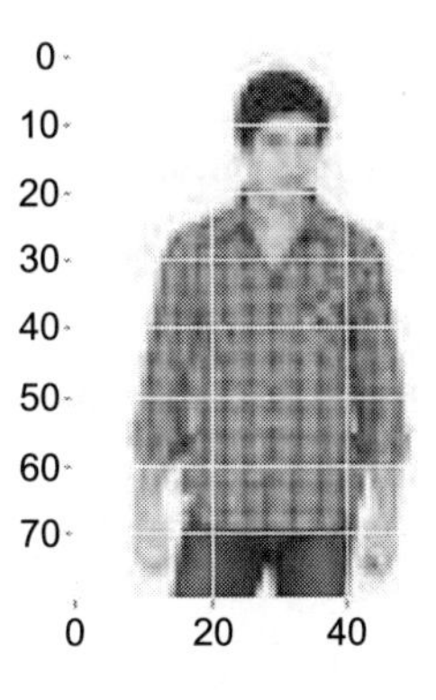

图 5-13 输入图

图 5-14 展示了针对输入图的推荐结果。可以看到，输入的图是一件衬衫，而得到的推荐也是衬衫。它们都有相同的图案，但颜色不同。这些结果非常出色且真实。

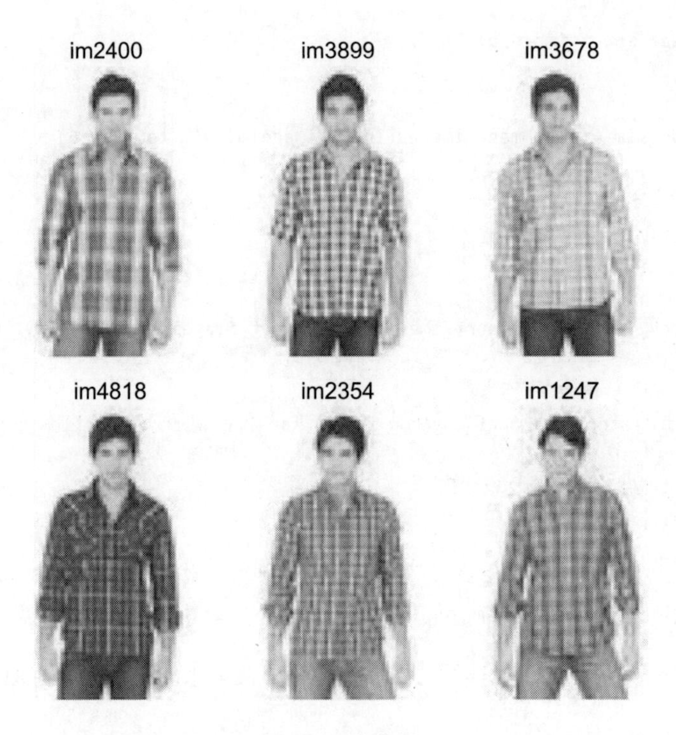

图 5-14 输出图

对于下一个样本，我们选择了一条领带。图 5-15 展示了函数的输出，显示了 6 张与输入图相似度超过 90% 的领带图：

```
Rec_viz_image(2518)
[0.9506557, 0.931319, 0.928721, 0.9247011, 0.9215533, 0.917436]
```

到目前为止，我们已经在数据集中现有的图上进行了测试。接下来，我们将从用户那里接收输入图，尝试找到与之相似的项目。

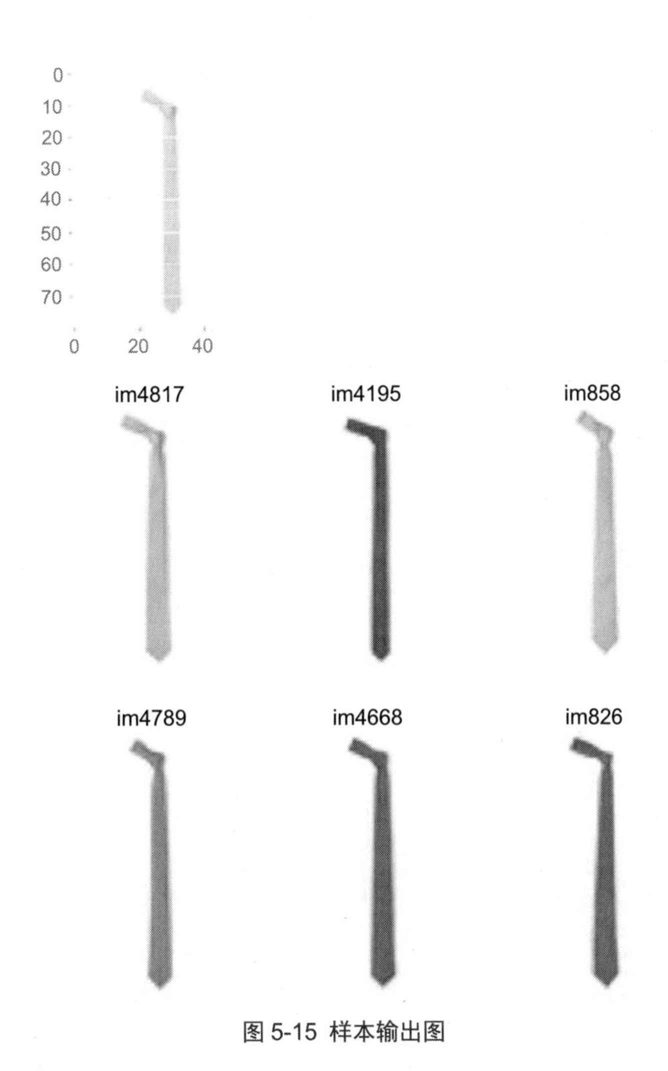

图 5-15 样本输出图

5.3.7 从用户处接收图输入并推荐相似产品

在下面的函数中，我们将从用户提供的路径中加载图并使用 ResNet50 模型获取其特征向量。接着，我们会找到用户图和数据集中其余特征向量之间的余弦相似度。

稍后，我们会对余弦相似度分数进行排序，并选择分数最高的 10 个。我们将提取最相似的 10 个图的分数和索引。相似度分数将被打印出来，以供用户查看，而索引则用于绘制图像。这里，我们推荐的是最相似的前 10 个项目，所以图将以 2 行 5 列的格式显示。

现在，让我们构建这个函数：

```
def recm_user_input(image_id):
    # 加载图并重塑它
    img = Image.open('../input/testset-for-image-similarity/' + image_id).convert('RGB')
    t_img = Variable(standardize(convert_tensor(s_data(img))).unsqueeze(0))
    embeddings = torch.zeros(512)
    def select_d(m, i, o):
        embeddings.copy_(o.data.reshape(o.data.size(1)))
    hlayer = layer.register_forward_hlayer(select_d)
    resnetmodel(t_img)
    hlayer.remove()
    emb = embeddings
    # 计算余弦相似度
    cs = cosine_similarity(emb.unsqueeze(0),df_embs)
    cs_list = list(flatten(cs))
    cs_df = pd.DataFrame(cs_list,columns=['Score'])
    cs_df = cs_df.sort_values(by=['Score'],ascending=False)
    # 打印余弦相似度
    print(cs_df['Score'][:10])
    # 提取最相似的前 10 个项目 / 图的索引
    top10 = cs_df[:10].index
    top10 = list(flatten(top10))
    images_list = []
    for i in top10:
        image_id = df[df.index==i]['image']
        images_list.append(image_id)
    images_list = list(flatten(images_list))
    # 打印用户请求的项目的图
    img_print = Image.open('../input/testset-for-image-similarity/' + image_id)
    plt.imshow(img_print)
    # 生成一个字典 { index, image }
    figures = {'im'+str(i): Image.open('../input/fashion-product-images-small/images/' + i)
for i in images_list}
    # 在一个图中绘制相似的图，有 2 行 3 列
    fig, axes = plt.subplots(2, 5, figsize = (8,8) )
    for index,name in enumerate(figures):
        axes.ravel()[index].imshow(figures[name])
        axes.ravel()[index].set_title(name)
        axes.ravel()[index].set_axis_off()
    plt.tight_layout()
```

从谷歌下载一个图并用它作为输入：

```
recm_user_input('test5.jpg')
4036    0.824246
954     0.810449
3268    0.808926
4528    0.808186
3299    0.807687
295     0.806027
1978    0.805003
2900    0.803676
3688    0.800311
1229    0.800130
Name: Score, dtype: float64
```

在图 5-16 中，顶部是一张从谷歌下载的、而非来自数据集的手表样本图。接着，我们将手表用作输入图，而得到的推荐都是手表。此外，如果根据自己的感知来分类，我们可以发现其中的六七款手表具有与样本手表相似的女性化风格。我们还可以看到，相似度分数都是 80% 左右。因此，输出结果看起来很不错。

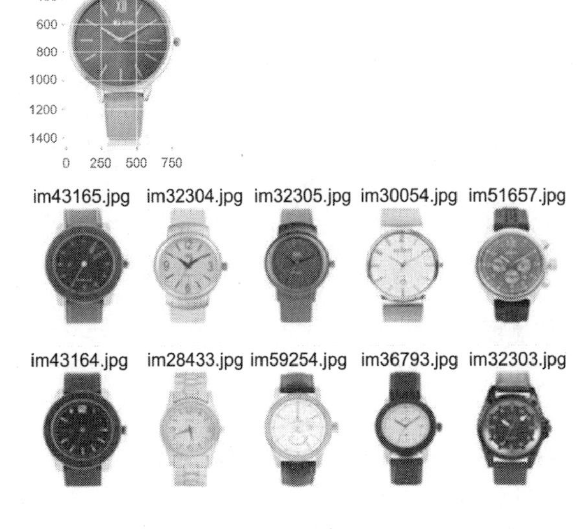

图 5-16 示例输出图

让我们尝试用另一张图做实验，这次是一只鞋。图 5-17 展示了结果。

```
Recm_user_input('test14.jpg')
```

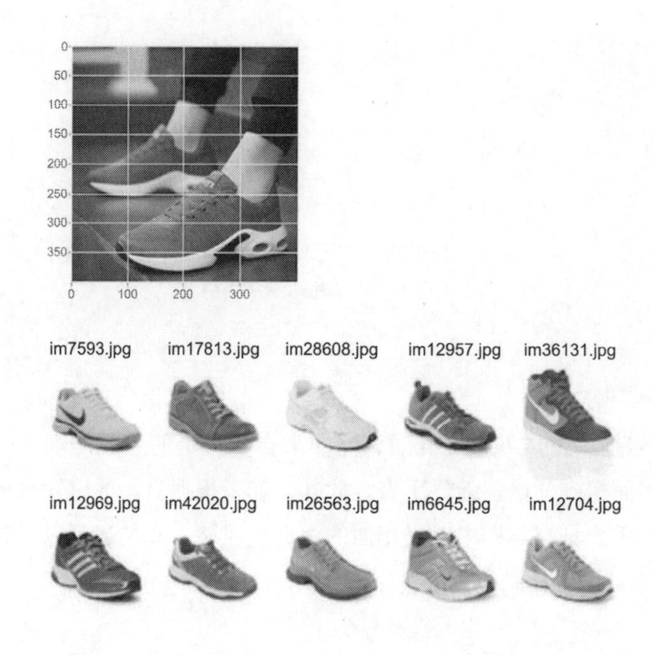

图 5-17 模型所推荐的鞋子

5.4 小结

我们将预训练的 ResNet18 模型应用到数据集上来以推荐和搜索图，并且得到了很棒的结果。

在图的推荐方面，我们尝试了以下两种方式：

- 根据我们数据集中已有的图进行推荐
- 根据用户提供的定制图进行推荐

此外，还有一些可以改进的地方：

- 基于 styles.csv 数据集的 articleType(文章类型)，masterCategory(主类别)和 subCategory(子类别)特征推荐项目
- 尝试使用其他预训练模型，比如 ResNet，看看能否提高准确率
- 因为我们拥有已标记数据，所以我们随时可以尝试使用监督式学习或练迁移学习的方法

在下一章中，我们将在姿态检测领域应用图的特征检测的概念。

第6章

姿态估计

人体姿态估计 (human pose estimation，HPE) 是一种计算机视觉任务，它通过估计给定帧或视频中的主要关键点(例如眼睛、耳朵、手和腿)来检测人体姿态。图 6-1 展示了一个 HPE 示例。

图 6-1 HPE 示例

人体姿态检测有助于追踪人体各部位和关节。人体中要识别的一些关键点包括手臂、腿、眼睛、耳朵、鼻子等，识别这些关键点可以帮助我们跟踪人体的运动。

HPE 在机器人技术、理解人类活动和行为、体育分析等领域有广泛的应用。

深度学习概念，特别是卷积神经网络 (CNN) 架构，都进行了特别调整和设计，以适用于 HPE。

对于这个问题，有两种方法：

- 自顶向下的方法
- 自底向上的方法

6.1 自顶向下的方法

使用这种方法时，我们首先通过在每个人周围绘制一个估计的边界框来识别人类。在第二阶段中，我们再识别每个边界框内的特定人类的人体关键点。这种方法的缺点是我们需要有一个单独的模型用于人体识别，然后还需要在所有边界框内识别关键点。这增加了计算时间和复杂性。这种模型的优点在于，网络将识别出画面中所有的人类。

6.2 自底向上的方法

使用这种方法时，我们首先在给定图像的帧中识别所有的人体关键点。在第二阶段中，我们再将这些关键点连接起来，形成人形的骨骼。这种方法的缺点是，由于图的尺度变化，它可能无法识别出较小的人体。而这种方法的优点在于，与自顶向下的方法相比，它的计算时间较少。

常见的 HPE 模型如下：

- OpenPose：2019
- HRNet：2019
- Higher HRNet：2020
- AlphaPose：2018
- Mask R-CNN：2018
- Dense pose：2018
- DeepCut：2016
- DeepPose：2014
- Pose Net：2015

6.3 OpenPose

OpenPose 是一个基于 VGG19 网络构建的实时、多人、多阶段的姿态估计算法，该算法遵循自底向上的方法。输入图像被送到 VGG-19 网络中，以提取特征图。提取的特征图被传递到多阶段的卷积神经网络中。每个阶段包含两个并行运行的分支。

6.3.1 分支 1

这个分支负责创建用于检测关键点的热图 / 置信度图。它为每个关键点生成单独一张热图。

6.3.2 分支 2

这个分支负责创建部分亲和域 (part affinity field，PAF)。PAF 能够识别关键点之间的连接。

两个分支的输出结果会被映射，以通过线积分 (line integral) 来识别正确的连接。我们会计算预测结果 (热图，PAF) 和真实数据 (热图，PAF) 之间的 L2 损失，每个分支末端都会有一个 L2 损失函数。在训练过程中，总损失就是这两个损失函数的和。

第一阶段的输出传递到第二阶段以改善结果。增加阶段数量可以增加模型的深度。由于图中可能包含多个人，所以需要使用加权二分图 (weighted bipartite graph) 来连接同一人的各个部分。连接起来之后，合并形成一个人形骨架。该模型可以在单个图像上检测出多达 135 个关键点。图 6-2 和图 6-3 显示了 OpenPose 的架构和流程图。

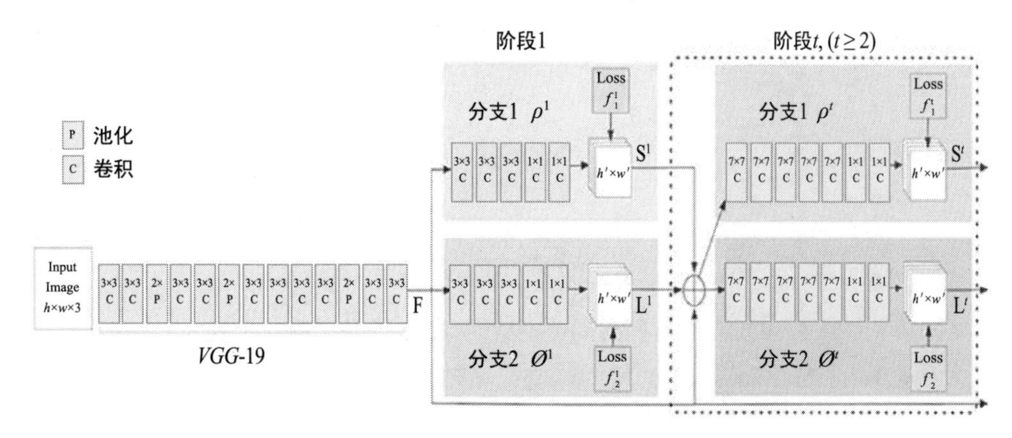

图 6-2 OpenPose 的架构

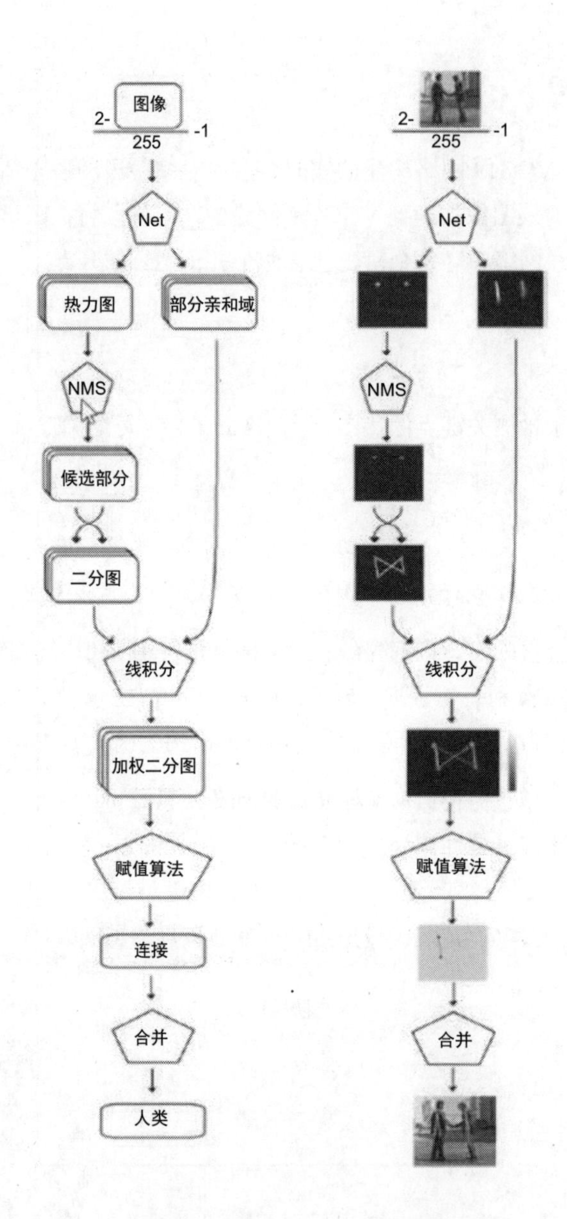

图 6-3 OpenPose 的流程图

图 6-4 显示了 OpenPose 的运行时间与其他模型的对比。无论是默认配置的 OpenPose 还是以最大准确率为目标而配置的 OpenPose，都有着更出色的表现。

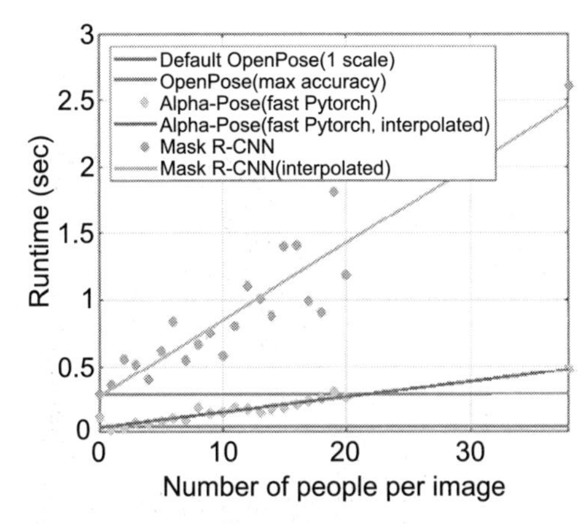

图 6-4 OpenPose 流水线和与其他模型的运行时间的对比

6.4 HRNet

这是一种自顶向下的方法。它首先使用 Faster-RCNN 在图像中识别人类，并围绕他们设置边界框。接着，它使用 HRNet(高分辨率网络) 架构生成高质量的特征图。然后在每个边界框中识别关键点。

动机如下。

1. 以往的所有模型 (AlexNet、GoogleNet、ResNet 和 DenseNet) 都是基于图的分类卷积架构开发的，这使得输出的分辨率较低，且对位置不敏感。在这些架构中，虽然可以通过空洞卷积 (dilated convolution) 来提高分辨率，但会导致计算时间增加。

2. 上采样 (up-sampling) 是解决此问题的另一种方法。U-net、SegNet、DeConvnet 和 Hourglass 模型都采用了上采样技术。在这种技术中，第一阶段的输入图被转换为低分辨率以进行分类。在第二阶段，模型将通过顺序连接的卷积，将从低分辨率图中恢复出高分辨率图。但是，从低分辨率中完全恢复出高分辨率是不可能的，而且这种表示的位置敏感性较弱。

HRNet 是一种通用的视觉识别架构。它并不基于常见的采用序列卷积的分类网络。HRNet 的架构并行连接了多分辨率的卷积，并通过使用上采样和下采样技术进行多次融合。这样的设计使得网络能够始终维持高分辨率的表现。通过多次在不同分辨率间进行融合，高、低分辨率图像的表现得到了加强。此外，HRNet 使用一种名为“步长卷积”(stride convolution) 的下采样技术将高分辨率卷积转为低分辨率卷积，同时，它也通过“双线性插值 (bilinear up-sampling)”技术将低分辨率卷积转为高分辨率卷积。在这个网络中，高分辨率分支保留空间信息，低分辨率分支保留上下文信息。图 6-5 ～图 6-7 展示了 HRNet 的详细架构。

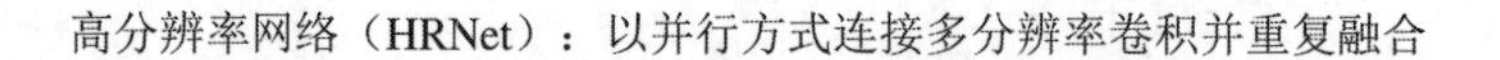

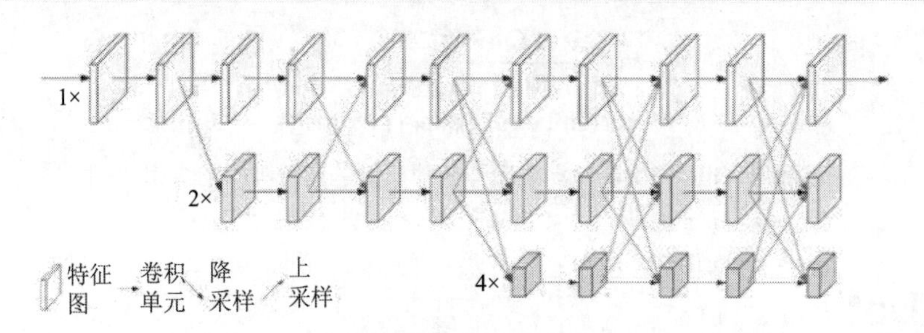

图 6-5 HRNet 架构 (第 1 部分)

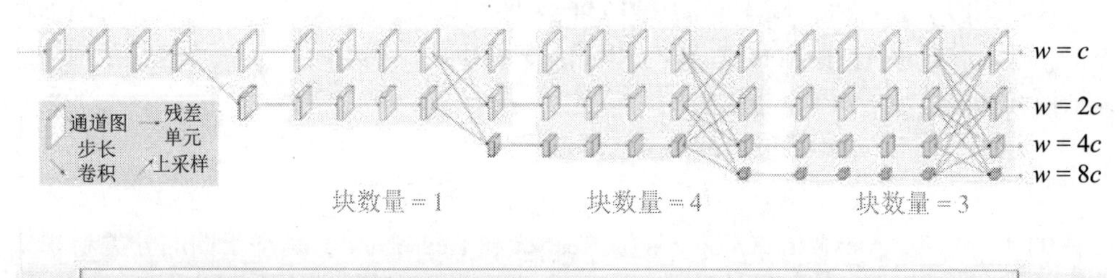

- 固定深度并调整宽度以调整容量
- 宽度（例如，c = 32，48）远小于 ResNet（256）
- 参数和计算复杂度与基于 ResNet 的方法相似

图 6-6 HRNet 架构 (第 2 部分)

主要观察结果如下。

- 在分类中，卷积是串行排列的。但在 HRNet 中，卷积是并行排列的
- 对于上采样，使用双线性插值函数代替卷积 (出于对时间复杂度的考虑)
- 使用步长卷积来对高分辨率图像进行下采样 (以避免信息丢失)

第 2、3、4 阶段的 block 数分别为 1、4 和 3。这些数值并未经过良好的优化 (据原作者所说)。由于 HRNet 减少了通道数，其参数和计算复杂度不高于 ResNet。这种架构是一种多

分辨率网络，输出在所有分辨率 (高、中、低) 上都有。对于人体姿态估计，只使用高分辨率通道的输出。对于语义分割和面部对齐，使用所有分辨率的输出。

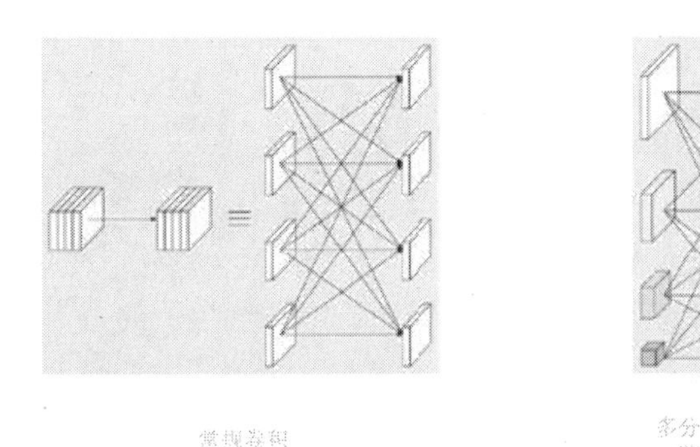

图 6-7 HRNet 架构 (第 3 部分)

6.5 Higher HRNet

这是一种自底向上的方法，不同于原始的 HRNet 模型。以往的自底向上方法主要问题是处理尺度变化 (如儿童或远处的人)。Higher HRNet 模型通过使用 HRNet 的高分辨率特征图和反卷积 (deconvolution) 步骤生成的高分辨率热图解决了这个问题。

该网络以 HRNet 架构为基础构建。输入图首先通过一个包含两个卷积块的 stem(基部)，这将分辨率降低到原来的四分之一。接下来，图通过 HRNet 架构生成高分辨率特征图。这些高分辨率特征图被传入反卷积块。反卷积块接受 HRNet 产生的特征图和预测的热图作为输入，输出两个高分辨率热图，然后经过四个残差块 (批归一化 +ReLU) 对特征图进行上采样。该模型使用高分辨率监督式技术进行训练。将真实的关键点转换为所有分辨率的热图，生成真实的热图。预测的热图与真实的热图进行比较，以计算损失 (均方误差)。图 6-8 展示了架构图。

根据理论研究，Higher HRNet 在解决计算时间 (使用自底向上的方法) 和尺度变化问题 (使用多分辨率) 上表现得很好。

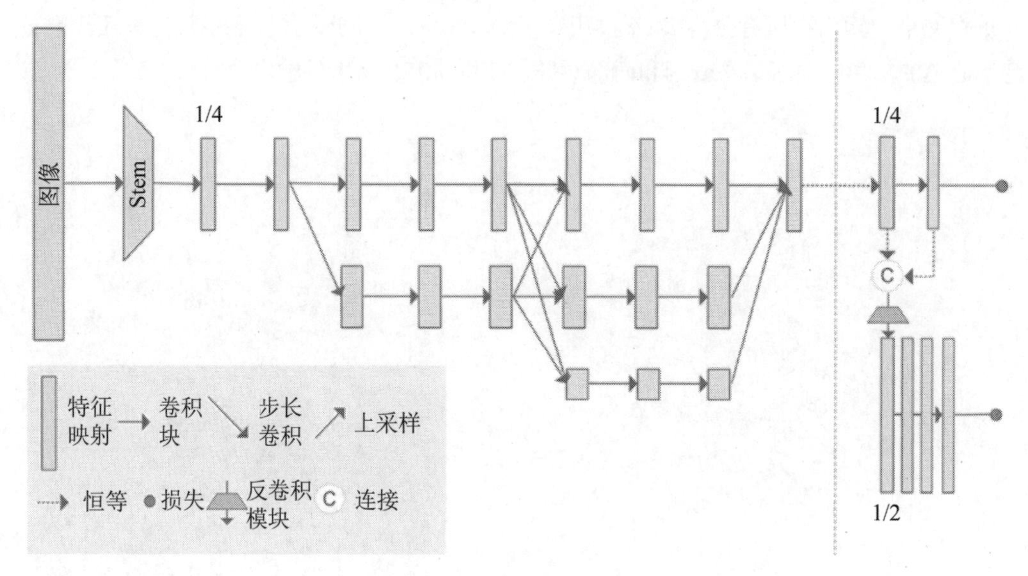

图 6-8 Higher HRNet 架构

6.6 PoseNet

PoseNet 是一个基于 tensorflow.js 构建的姿态估计器，能在移动设备上运行。它通过侦测人体各部位如眼睛、鼻子、嘴巴、手腕、肘部、髋部、膝盖等来估计人体的姿态。通过连接这些关键点，PoseNet 能够构建出类似骨架的姿态结构。

PoseNet 适用于单人和多人姿态检测。

6.6.1 PoseNet 工作机制

PoseNet 是用 ResNet 和 MobileNet 模型进行训练的。尽管 ResNet 模型的准确率更高，但它的模型大且层次多，所以运行速度较慢。因此，MobileNet 模型是个更好的选择，因为它是专门为移动设备设计的。

姿态估计包括下面两个阶段：

- 输入的 RGB 图像被输入到卷积神经网络中
- 使用单人姿态或多人姿态的算法从模型输出中获取关键点 (坐标) 及其置信度得分

PoseNet 模型的输出是一个姿态对象，其中包含每个被检测到的人的关键点列表和对应的置信度得分。图 6-9 展示了姿态与关键点置信度之间的关系。

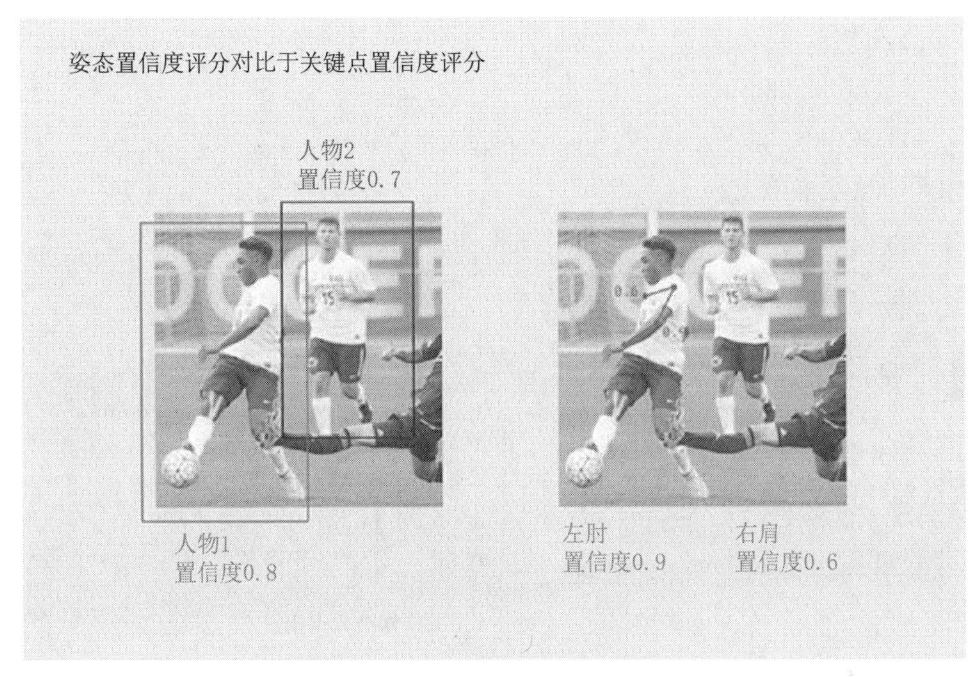

图 6-9 姿态置信度与关键点置信度

6.6.1.1 单人姿态估计

单人姿态估计是只有一个人位于输入图像或视频中心的情况。单人姿态估计算法的输入如下。

- 输入图像元素：要进行姿态预测的输入图像元素。
- 图像缩放因子：一个在 0.2 和 1 之间的数字，默认为 0.5。
- 水平翻转：默认情况下，此选项设为 false。如果需要将姿态水平 / 垂直翻转，则需要将此设置为 true。当视频默认以水平翻转显示时，返回的姿态会调整为正确的方向。
- 输出步长：这个参数的取值应为 32、16 或 8。默认情况下，它设置为 16。这个变量影响神经网络的高度和宽度层。输出步长的值越小，准确率越高，但速度就越慢，反之亦然。

单人姿态估计的输出是一个包含姿态置信度得分和 17 个关键点数组的姿态。每个关键点由关键点位置 (x 坐标和 y 坐标) 和关键点置信度得分组成。

图 6-10 ～图 6-12 展示了 PoseNet 的流程图。

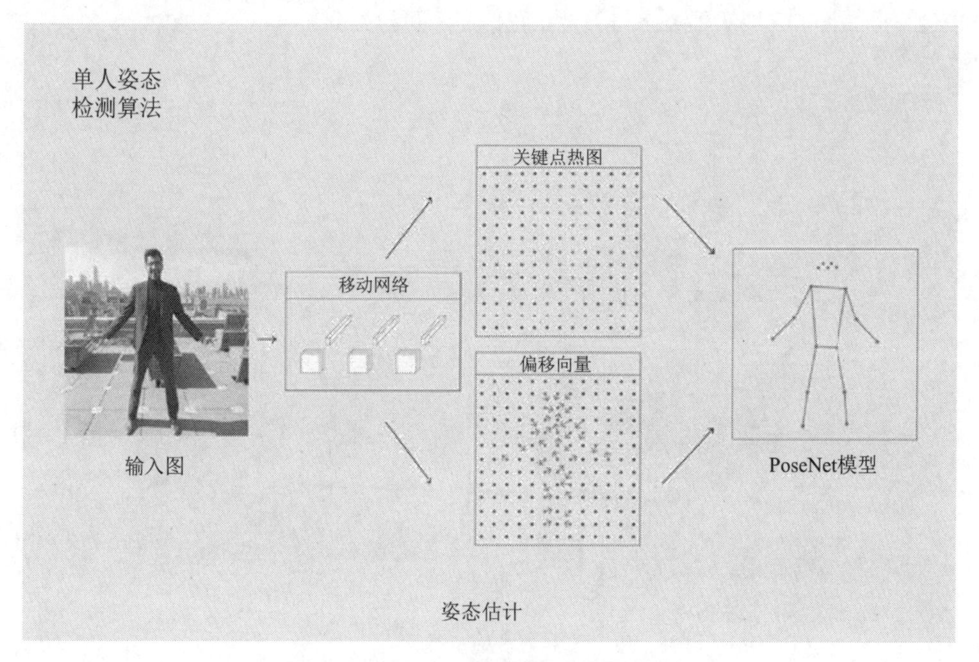

图 6-10 PoseNet 的流程图（第 1 部分）

图 6-11 PoseNet 的流程图（第 2 部分）

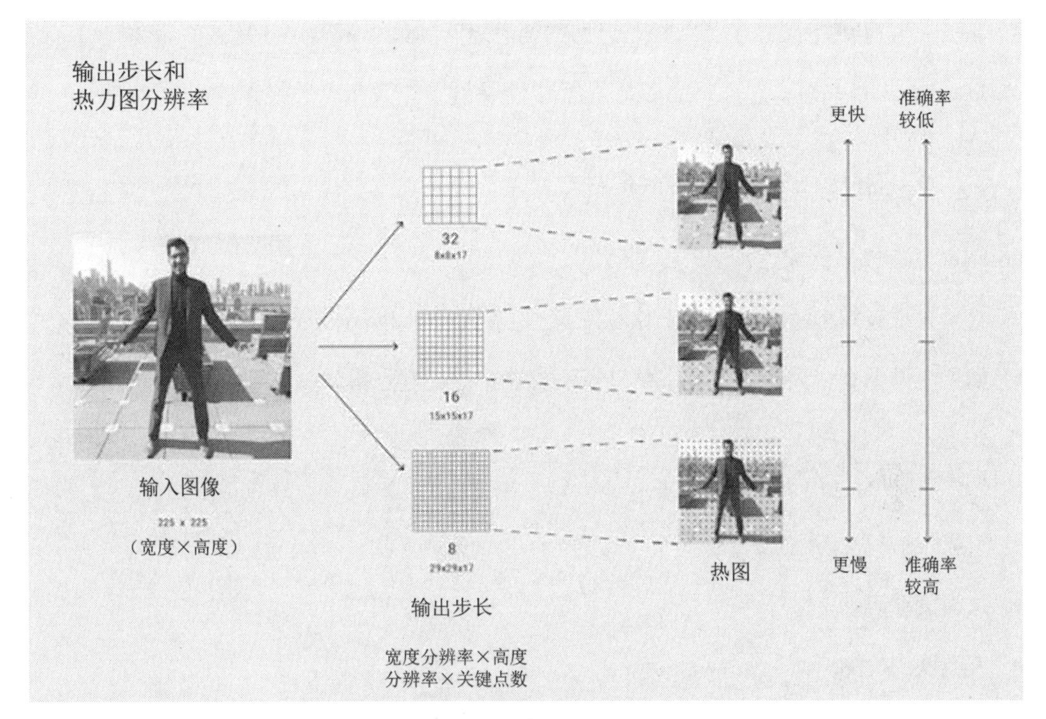

图 6-12 PoseNet 的流程图 (第 3 部分)

6.6.1.2 多人姿态估计

这种算法可以估计图像中多个人的姿态。它的复杂性稍微高一点，速度也比单人姿态算法稍慢一点。但它有一个重要的优点：如果一张图中有多个人，那么他们的关键点被连接起来的可能性更低。因此，即使只需要检测单个人的姿态，这种算法可能仍然是更好的选择。该算法的输入如下：

- 输入图像元素
- 图像缩放因子
- 水平翻转
- 输出步长
- 姿态检测的最大数量：能够检测多达 5 个姿态
- 姿态置信度阈值

- 非极大值抑制 (NMS) 半径：控制返回的姿态之间的最小距离，其默认值为 20

此算法的输出是一组姿态，每个姿态包含 17 个关键点以及每个关键点的评分。

6.6.2 PoseNet 的优点和缺点

PoseNet 具有以下优缺点：

- 它是轻量级模型，所以可用于移动设备 / 边界设备 (edge device)[①]
- 如果图像中有多人，单人姿态估计算法可能会把关键点错误关联到另一个人身上

6.6.3 姿态估计的应用

姿态估计的常见应用如下：

- 人类活动识别
- 人类跌倒检测
- 控制台的运动追踪
- 训练机器人

6.6.4 在杂货店视频上进行的测试用例

用例 1：使用 1080p 分辨率的时长为一小时视频 (帧率为 2) 测试 PoseNet 模型。结果如下：

- CPU 利用率：80% ～ 90%
- 内存：1.2 GB 至 1.5 GB
- 帧率：15
- 处理一小时视频并插入数据库的时间：20 ～ 25 分钟

---

① 译注：一种物理设备，它使用数据连接层和网络层信息，可以在以太网等遗留网络和 ATM 网络之间传送数据包。这样的设备不收集网络路由信息，只是简单地应用分布式路由协议通过网络层来得到路由信息。

用例 2：使用 720p 分辨率和 480p 分辨率的时长为一小时视频（帧率为 2）测试 PoseNet 模型。结果如下：

- 对于 720p 分辨率，处理时长为一小时的视频并插入数据库的时间：8 ～ 10 分钟，帧率为 16
- 对于 480p 分辨率，处理时长为一小时的视频并插入数据库的时间：4 ～ 5 分钟，帧率为 25

6.7 实现

有了一些理论知识和模型之后，我们要使用其中一种方法和预训练模型来进行实现。接下来是一个使用 PyTorch 检测单个图像的人体姿态的分步骤指南。

我们将使用一个名为“使用 ResNet50 架构和特征金字塔网络的 Keypoint-RCNN”的解决方案进行人体姿态和关键点检测。为了便于理解，代码被分成了 6 个部分。具体步骤如下。

1. 确定要追踪的人体关键点列表。
2. 确定关键点之间可能的连接。
3. 从 PyTorch 库中加载预训练模型。
4. 输入图的预处理和建模。
5. 构建自定义函数以绘制输出（关键点和骨架）。
6. 在输入图像上绘制输出。

首先，导入需要用到的库：

```
# 导入库
import os
import numpy as np

# 用于导入 Keypoint-RCNN 预训练模型和图预处理
import torchvision
import torch

# 用于读取图
```

```
import cv2

# 用于可视化
import matplotlib.pyplot as plt

# 挂载 Google Drive
# 将目录更改为包含图文件夹的相应文件夹
from google.colab import drive
drive.mount('/content/drive')
%cd '/content/drive/MyDrive/Colab Notebooks/Bodypose'
```

步骤 1：确定要追踪的人体关键点列表

图 6-13 列出了一些人体关键点。这些关键点是深度学习模型中的目标实体，步骤 3 中将对此进行讨论。

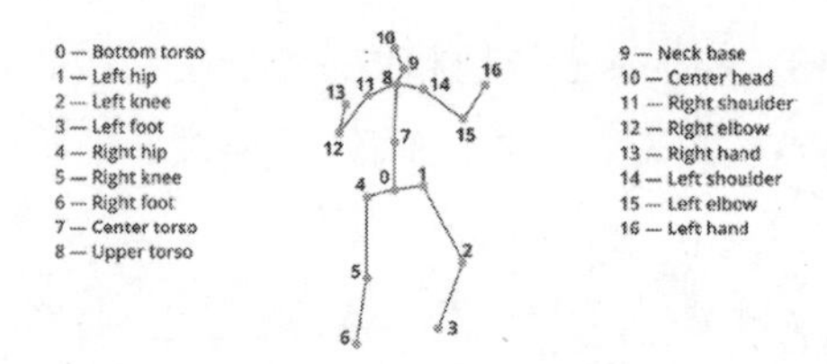

图 6-13 人体关键点图示

代码如下：

```
# 人体关键点的列表 ( 数量 =17)
human_keypoints = ['nose','left_eye','right_eye','left_ear','right_ear','left_
shoulder','right_shoulder','left_elbow',
'right_elbow','left_wrist','right_wrist','left_hip','right_hip','left_knee', 'right_
knee', 'left_ankle','right_ankle']
print(human_keypoints)

# 输出
['nose', 'left_eye', 'right_eye', 'left_ear', 'right_ear', 'left_shoulder', 'right_
shoulder', 'left_elbow', 'right_elbow',
'left_wrist', 'right_wrist', 'left_hip', 'right_hip', 'left_knee', 'right_knee', 'left_
ankle', 'right_ankle']
```

步骤 2：确定关键点之间可能的连接

现在，我们将确定关键点之间可能的连接。比如左耳与左眼之间的连接。所有可能的连接可以在以下代码中找到：

```
# 人体关键点之间可能的连接，以形成一个结构
def possible_keypoint_connections(keypoints):
    connections = [
        [keypoints.index('right_eye'), keypoints.index('nose')],
        [keypoints.index('right_eye'), keypoints.index('right_ear')],
        [keypoints.index('left_eye'), keypoints.index('nose')],
        [keypoints.index('left_eye'), keypoints.index('left_ear')],
        [keypoints.index('right_shoulder'), keypoints.index('right_elbow')],
        [keypoints.index('right_elbow'), keypoints.index('right_wrist')],
        [keypoints.index('left_shoulder'), keypoints.index('left_elbow')],
        [keypoints.index('left_elbow'), keypoints.index('left_wrist')],
        [keypoints.index('right_hip'), keypoints.index('right_knee')],
        [keypoints.index('right_knee'), keypoints.index('right_ankle')],
        [keypoints.index('left_hip'), keypoints.index('left_knee')],
        [keypoints.index('left_knee'), keypoints.index('left_ankle')],
        [keypoints.index('right_shoulder'), keypoints.index('left_shoulder')],
        [keypoints.index('right_hip'), keypoints.index('left_hip')],
        [keypoints.index('right_shoulder'), keypoints.index('right_hip')],
        [keypoints.index('left_shoulder'), keypoints.index('left_hip')]
    ]
    return connections

connections = possible_keypoint_connections(human_keypoints)
```

步骤 3：从 PyTorch 库加载预训练模型

这里，我们将利用预训练的 PyTorch 模型——基于 ResNet50 架构的 Keypoint-RCNN，来进行关键点检测。载入此模型时，应使用参数："pretrained= True"：

```
# 从预训练的 keypointrcnn_resnet50_fpn 类创建模型
pretrained_model = torchvision.models.detection.keypointrcnn_resnet50_
fpn(pretrained=True)

# 调用 eval() 方法，为推理模式准备模型。
pretrained_model.eval()
# 输出
Downloading:
"https://download.pytorch.org/models/keypointrcnn_resnet50_fpn_coco-fc266e95.pth"
to /root/.cache/torch/hub/checkpoints/keypointrcnn_resnet50_fpn_coco-fc266e95.pth

Progress: 100%
Size: 226M/226M
Time: 00:04<00:00, 15.1MB/s

Model: KeypointRCNN(
```

```
    (transform): GeneralizedRCNNTransform(
        Normalize(mean=[0.485, 0.456, 0.406], std=[0.229, 0.224, 0.225]),
        Resize(min_size=(640, 672, 704, 736, 768, 800), max_size=1333, mode='bilinear')
)
```

步骤 4：输入图像预处理和建模

原始图在传递给模型之前需要进行归一化。归一化是通过 TorchVision 的 transforms 模块中的 transforms.Compose() 和 transforms.ToTensor() 类进行的。请将输入图放入当前工作目录下的 images 文件夹中：

```
# 导入 transforms 模块
from torchvision import transforms as T

# 使用 opencv 读取图像
img_path = "images/image1.JPG"
img = cv2.imread(img_path)
# 对输入图进行预处理
transform = T.Compose([T.ToTensor()])
img_tensor = transform(img)
# 模型前向传播
output = pretrained_model([img_tensor])[0]

print(output.keys())
# 输出
dict_keys(['boxes', 'labels', 'scores', 'keypoints', 'keypoints_scores'])
```

图 6-14 是我们用作输入的图。

图 6-14 输入图

步骤 5：构建自定义函数以绘制输出

构建自定义函数以绘制预测的关键点和身体骨骼（通过连接关键点）：

```
# 绘制输入图的关键点和骨骼的函数
def plot_keypoints(img, all_keypoints, all_scores, confs, keypoint_threshold=2, conf_threshold=0.9):
    # 从彩虹光谱中初始化一组颜色
    cmap = plt.get_cmap('rainbow')
    # 创建图的副本
    img_copy = img.copy()
    # 从光谱中选取一组 N 个颜色 ID
    color_id = np.arange(1,255, 255//len(all_keypoints)).tolist()[::-1]
    # 遍历每个检测到的人
    for person_id in range(len(all_keypoints)):
        # 检查检测到的人的置信度分数
        if confs[person_id]>conf_threshold:
            # 获取检测到的人的关键点位置
            keypoints = all_keypoints[person_id, ...]
            # 获取关键点的分数
            scores = all_scores[person_id, ...]
            # 遍历每个关键点分数
            for kp in range(len(scores)):
                # 检查检测到的关键点的置信度分数
                if scores[kp]>keypoint_threshold:
                    # 将关键点浮点数组转换为 Python 整数列表
                    keypoint = tuple(map(int, keypoints[kp, :2].detach().numpy().tolist()))
                    # 选择特定颜色 ID 的颜色
                    color = tuple(np.asarray(cmap(color_id[person_id])[:-1])*255)
                    # 在关键点位置上绘制一个圈
                    cv2.circle(img_copy, keypoint, 30, color, -1)
    return img_copy

def plot_skeleton(img, all_keypoints, all_scores, confs, keypoint_threshold=2, conf_threshold=0.9):
    # 从彩虹光谱中初始化一组颜色
    cmap = plt.get_cmap('rainbow')
    # 创建图的副本
    img_copy = img.copy()
    # 检查是否检测到关键点
    if len(output["keypoints"])>0:
        # 从光谱中选取一组 n 个颜色 ID
        colors = np.arange(1,255, 255//len(all_keypoints)).tolist()[::-1]
        # 遍历每个检测到的人
        for person_id in range(len(all_keypoints)):
            # 检查检测到的人的置信度分数
```

```
            if confs[person_id]>conf_threshold:
                # 获取检测到的人的关键点位置
                keypoints = all_keypoints[person_id, ...]
                # 遍历每个肢体
                for conn_id in range(len(connections)):
                    # 选择肢体的起点
                    limb_loc1 = keypoints[connections[conn_id][0], :2].detach().numpy().astype(np.int32)
                    # 选择肢体的终点
                    limb_loc2 = keypoints[connections[conn_id][1], :2].detach().numpy().astype(np.int32)
                    # 考虑肢体置信度分数为两个关键点分数中的最小值
                    limb_score = min(all_scores[person_id, connections[conn_id][0]], all_
                    scores[person_id, connections[conn_id][1]])
                    # 检查肢体分数是否大于阈值
                    if limb_score> keypoint_threshold:
                        # 选择特定颜色 ID 的颜色
                        color = tuple(np.asarray(cmap(colors[person_id])[:-1])*255)
                        # 绘制肢体的线
                        cv2.line(img_copy, tuple(limb_loc1), tuple(limb_loc2), color, 25)
    return img_copy
```

步骤 6：在输入图上绘制输出

使用步骤 5 中的自定义函数，将预测的关键点和骨骼绘制到原始图上：

```
#关键点
keypoints_img = plot_keypoints(img, output["keypoints"], output["keypoints_scores"],
output["scores"],keypoint_threshold=2)

cv2.imwrite("output/keypoints-img.jpg", keypoints_img)

plt.figure(figsize=(8, 8))
plt.imshow(keypoints_img[:, :, ::-1])
plt.show()
```

图 6-15 展示了带有关键点的图。

图 6-15　带有关键点的图

代码如下：

```
# 骨骼
skeleton_img = plot_skeleton(img, output["keypoints"], output["keypoints_scores"],
output["scores"],keypoint_threshold=2)

cv2.imwrite("output/skeleton-img.jpg", skeleton_img)

plt.figure(figsize=(8, 8))
plt.imshow(skeleton_img[:, :, ::-1])
plt.show()
```

图 6-16 展示了骨骼形象的图。

图 6-16　骨骼形象的图像

图 6-17 和图 6-18 是我们尝试将包含多个人的图作为输入得到的结果。这些图可以在本书的 Git 链接中找到。

图 6-17 带有关键点的图像

图 6-18 骨骼形象的图像

6.8 小结

本章探讨了开发姿态估计模型的架构和代码，该模型在各个行业都有广泛的应用。

现在，你有信心构建一个“虚拟健身教练”应用程序了吗？许多人都想拥有一个家庭健身房，所以这个想法绝对值得一试。在下一章中，我们将学习如何对图进行异常检测。

第 7 章

图像异常检测

研究机器学习之后，我们便有机会学习和理解各种模式与行为。它让我们能够构建可以研究封闭环境的模型。预测能力往往随着模型的不断训练而得以增强。这是我们在训练模型时需要经常思考的一个重要问题。另外一个需要回答的问题是，需要多少数据才能帮助模型理解分布，从而得到更好的表达？本章将通过一个例子和相关概念来解答这些重要的问题，我们讨论的主题是计算机视觉中的异常检测。

我们有一个机器学习模型，它能够学习数据分布并最终用于预测未知的数据集。学习过程受到我们训练数据所表示的分布的限制。训练过程结束后，可能有一些样本与大多数行为相矛盾。注意，检测异常会受到观察视角的影响，比如分布的程度。举个例子，一块抛光的钢板上可能有一些机器留下来的划痕，可能有一些轻微的划伤，不会被视为缺陷(异常)。然而在另一些情况下，这些划痕可能会被视为异常。因此，对于所有情况，异常都需要有一个阈值。

异常检测在图像识别中有很多应用，例如在建筑工地上检测钢板是否异常或者在传送带上找出异常。

7.1 异常检测

和其他所有领域中的异常检测一样，视觉分析中的异常检测可以分为两大类。

- 新颖性检测 (novelty detection)：在训练过程中，模型使用的数据来自标准事件分布。当我们对未知样本进行测试或预测时，算法应该找到异常的数据。在这个过程中，我们假定数据中并不含有任何非标准的数据。这是半监督学习方法的一个例子。
- 异常值检测 (outlier detection)：在这种情况下，算法会同时接触到标准数据和非标准数据。原则上来讲，标准数据会集中在一起，所以算法将学习它们并忽视异常值。以决策树为例，其中的分支会尽早在拆分过程中分离出异常值。这种方法中，标准数据和非标准数据混杂在一起。算法需要判断哪些数据点是正常值，哪些是异常值。这是一种无监督训练方式。

有多种方法可以检测异常值或奇异值。我们可以使用总体平均数和标准差等统计方法来找出异常值。然而，在这些场景中，我们必须对数据的分布有所了解。在机器学习方法中，有一些算法可以帮助我们进行异常检测。

- 局部异常因子 (local outlier factor，LOF)：该算法计算一个值，量化局部密度的偏差，它试图找出那些与近邻相比密度较低的样本。
- 孤立森林 (isolation Forest)：这种方法可以基于决策进行迭代分割，来确定样本中的异常值。如果能利用基于决策树集成或随机森林的算法，我们就可以轻松得出随机森林较短路径上的样本就是异常值的结论。
- 一类支持向量机 (one class SVM)：可以认为是支持向量机类别的扩展，在确定一个阈值之后，可以检查概率分布的支持度，从而在过程中分离异常值。

下面来看看计算机视觉领域的一些应用。

- 无监督密度估计：算法试图估计特征或训练图像的概率分布。掌握概率分布后，模型将尝试计算所有未知样本与该分布的差异。
- 无监督图像重建：一种训练编码器 - 解码器架构的通用过程。学习向量化的潜在特征，并尝试重建原始图像，但会有一些损失。正常图的重建损失比异常图像小。
- 一类异常检测：这种方法类似于前面讨论的一类支持向量机。该算法试图估计一个决策边界，以将正常类别与异常类别分开。

研究证明，生成类算法可以用来检测异常。解释了一些基本概念之后，下面来看一个异常检测的例子。

一些可能的方法如下。

- 使用预训练模型，对最后几层进行训练，以进行异常分类。
- 利用编码和解码的方法进行异常检测。
- 对图像进行异常分类并使用特征图定位图中的异常。

7.2 方法 1：使用预训练的分类模型

从给定的图像数据集中找出异常图像可以被认为是一个二元图像分类任务，即根据训练数据集来判断图像是否为异常。这里要使用一种经过验证的体系结构——VGG-16——来对最后几层进行训练。

VGG-16 架构包含 16 层，其中有 13 个卷积层以及最后的 3 个全连接层。这个网络经过训练，可以从总共 1000 个类别中预测输入的类别。

在当前的方法中，预训练的权重被应用到前 10 个卷积层。最后几层则用于训练自定义数据集。输出被归类为两个类别中的一个。图 7-1 中标出的区域用来训练自定义数据集。

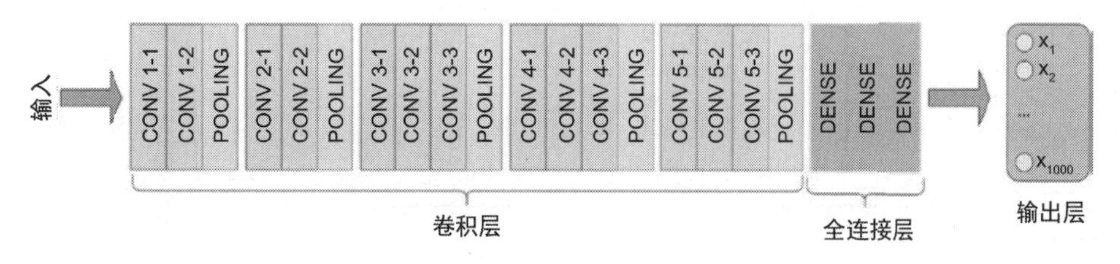

图 7-1 VGG-16 架构

步骤 1：导入需要用到的库。

```
# 导入 torch
import torch
import torchvision
import matplotlib.pyplot as plt

# 导入 time,os 等
import time
import os
import numpy as np
import random
```

```
from distutils.version import LooseVersion as Version
from itertools import product
```

步骤 2：创建种子和确定性函数。

这些函数有助于为所有迭代生成相同的随机数。

```
def seed_setting(sd):
    os.environ["PL_GLOBAL_SEED"] = str(sd)
    random.seed(sd)
    np.random.seed(sd)
    torch.manual_seed(sd)
    torch.cuda.manual_seed_all(sd)

def fn_det_setting():

    # 检查 cuda 是否可用
    if torch.cuda.is_available():
        torch.backends.cudnn.benchmark = False
        torch.backends.cudnn.deterministic = True

    # 检查 torch 版本
    if torch.__version__ <= Version("1.7"):
        torch.fn_det_setting(True)
    else:
        torch.use_deterministic_algorithms(True)
```

步骤 3：设置超参数。

```
# 设置种子、批大小
RNDM_SEED = 245
btch_input_sz = 128
epch_nmbr = 25
DEVICE = torch.device('cuda:1' if torch.cuda.is_available() else 'cpu')
seed_setting(RNDM_SEED)
#fn_det_setting() 在 Gpu 上可能无法工作，因为一些算法在 GPU 上不是确定性的。
```

步骤 4：导入数据集。

训练数据：

```
tr_ds_path = "/content/drive/MyDrive/car_img/tr" # 训练图像
```

验证数据：

```
vd_ds_path = "/content/drive/MyDrive/car_img/vds" # 验证图像
```

测试数据：

```
ts_ds_path = "/content/drive/MyDrive/car_img/ts" #测试图像
```

步骤 5：图像预处理阶段

图像转换包括以下步骤。

- 重设图像大小：目的是保持训练、测试和验证数据集中的图像大小一致。
- 图像裁剪：目的是裁剪图像的边缘。
- 将图像转换为张量：目的是便于 PyTorch 实现。
- 图像标准化：目的是更快地实现损失函数的收敛。

实现如下：

```
import torch.utils.data as data

tr_data_trans = torchvision.transforms.Compose([
    torchvision.transforms.Resize((70, 70)),
    torchvision.transforms.RandomCrop((64, 64)),
    torchvision.transforms.ToTensor(), #将 0-255 范围内的数据转换为 0-1。
    torchvision.transforms.Normalize((0.485, 0.456, 0.406), (0.229, 0.224, 0.225))])

validation_data_trans = torchvision.transforms.Compose([
    torchvision.transforms.Resize((70, 70)),
    torchvision.transforms.CenterCrop((64, 64)),
    torchvision.transforms.ToTensor(),
    torchvision.transforms.Normalize((0.485, 0.456, 0.406), (0.229, 0.224, 0.225))])

tst_data_transform = torchvision.transforms.Compose([
    torchvision.transforms.Resize((70, 70)),
    torchvision.transforms.CenterCrop((64, 64)),
    torchvision.transforms.ToTensor(),
    torchvision.transforms.Normalize((0.485, 0.456, 0.406), (0.229, 0.224, 0.225))])
```

DataLoader 函数并行传递数据，加快数据加载过程：

```
train_ds_cln = torchvision.datasets.ImageFolder(root=tr_ds_path, transform= tr_data_trans)
train_loader_cln = data.DataLoader(train_ds_cln, btch_input_sz=206, shuffle=True)
test_ds_cln = torchvision.datasets.ImageFolder(root=ts_ds_path, transform= tst_data_transform)
test_loader_cln = data.DataLoader(test_ds_cln, btch_input_sz=206, shuffle=True)
valid_ds_cln = torchvision.datasets.ImageFolder(root=vd_ds_path, transform= validation_data_trans)
```

```
valid_loader_cln = data.DataLoader(valid_ds_cln, btch_input_sz=63, shuffle=True)

# 检查数据集
for images, labels in train_loader_cln:
    print('Image batch dimensions:', images.shape)
    print('Image label dimensions:', labels.shape)
    print('Class labels of 10 examples:', labels[:10])
    break
```

输出结果如下：

```
Image batch dimensions: torch.Size([206, 3, 64, 64]) Image label dimensions: torch.Size([206])
Class labels of 10 examples: tensor([1, 0, 0, 1, 0, 0, 1, 1, 1, 1])
```

训练数据集如下：

```
for images, labels in train_loader_cln:
    print('Image batch dimensions:', images.shape)
    print('Image label dimensions:', labels.shape)
    print('Class labels of 10 examples:', labels[:10])
    break
```

输出结果如下：

```
Image batch dimensions: torch.Size([206, 3, 64, 64])
Image label dimensions: torch.Size([206])
Class labels of 10 examples: tensor([0, 1, 0, 1, 1, 1, 1, 1, 0, 1])

tr_ds = images
tr_ds.shape
```

实现如下：

```
torch.Size([206, 3, 64, 64])

tr_label = labels
tr_label.shape
```

输出结果如下：

```
torch.Size([206])
```

验证数据集如下：

```
for images, labels in valid_loader_cln:
    print('Image batch dimensions:', images.shape)
```

```
    print('Image label dimensions:', labels.shape)
    print('Class labels of 10 examples:', labels[:10])
    break
```

输出结果如下：

```
Image batch dimensions: torch.Size([63, 3, 64, 64])
Image label dimensions: torch.Size([63])
Class labels of 10 examples: tensor([1, 1, 0, 0, 1, 0, 1, 1, 1, 1])

vd_ds = images
vd_ds.shape
```

输出结果如下：

```
torch.Size([63, 3, 64, 64])
```

测试数据集如下：

```
for images, labels in test_loader_cln:
    print('Image batch dimensions:', images.shape)
    print('Image label dimensions:', labels.shape)
    print('Class labels of 10 examples:', labels[:10])
    break
```

输出结果如下：

```
Image batch dimensions: torch.Size([63, 3, 64, 64])
Image label dimensions: torch.Size([63])
Class labels of 10 examples: tensor([1, 1, 1, 1, 1, 0, 1, 1, 1, 0])
```

步骤 6：加载预训练模型

```
model = torchvision.models.vgg16(pretrained=True)
model
```

输出结果如下：

```
VGG(
  (features): Sequential(
    (0): Conv2d(3, 64, kernel_size=(3, 3), stride=(1, 1), padding=(1, 1))
    (1): ReLU(inplace=True)
    (2): Conv2d(64, 64, kernel_size=(3, 3), stride=(1, 1), padding=(1, 1))
    (3): ReLU(inplace=True)
    (4): MaxPool2d(kernel_size=2, stride=2, padding=0, dilation=1, ceil_mode=False)
    (5): Conv2d(64, 128, kernel_size=(3, 3), stride=(1, 1), padding=(1, 1))
```

```
    (6): ReLU(inplace=True)
    (7): Conv2d(128, 128, kernel_size=(3, 3), stride=(1, 1), padding=(1, 1))
    (8): ReLU(inplace=True)
    (9): MaxPool2d(kernel_size=2, stride=2, padding=0, dilation=1, ceil_mode=False)
    (10): Conv2d(128, 256, kernel_size=(3, 3), stride=(1, 1), padding=(1, 1))
    (11): ReLU(inplace=True)
    (12): Conv2d(256, 256, kernel_size=(3, 3), stride=(1, 1), padding=(1, 1))
    (13): ReLU(inplace=True)
    (14): Conv2d(256, 256, kernel_size=(3, 3), stride=(1, 1), padding=(1, 1))
    (15): ReLU(inplace=True)
    (16): MaxPool2d(kernel_size=2, stride=2, padding=0, dilation=1, ceil_mode=False)
    (17): Conv2d(256, 512, kernel_size=(3, 3), stride=(1, 1), padding=(1, 1))
    (18): ReLU(inplace=True)
    (19): Conv2d(512, 512, kernel_size=(3, 3), stride=(1, 1), padding=(1, 1))
    (20): ReLU(inplace=True)
    (21): Conv2d(512, 512, kernel_size=(3, 3), stride=(1, 1), padding=(1, 1))
    (22): ReLU(inplace=True)
    (23): MaxPool2d(kernel_size=2, stride=2, padding=0, dilation=1, ceil_mode=False)
    (24): Conv2d(512, 512, kernel_size=(3, 3), stride=(1, 1), padding=(1, 1))
    (25): ReLU(inplace=True)
    (26): Conv2d(512, 512, kernel_size=(3, 3), stride=(1, 1), padding=(1, 1))
    (27): ReLU(inplace=True)
    (28): Conv2d(512, 512, kernel_size=(3, 3), stride=(1, 1), padding=(1, 1))
    (29): ReLU(inplace=True)
    (30): MaxPool2d(kernel_size=2, stride=2, padding=0, dilation=1, ceil_mode=False)
  )
  (avgpool): AdaptiveAvgPool2d(output_size=(7, 7))
  (classifier): Sequential(
    (0): Linear(in_features=25088, out_features=4096, bias=True)
    (1): ReLU(inplace=True)
    (2): Dropout(p=0.5, inplace=False)
    (3): Linear(in_features=4096, out_features=4096, bias=True)
    (4): ReLU(inplace=True)
    (5): Dropout(p=0.5, inplace=False)
    (6): Linear(in_features=4096, out_features=1000, bias=True)
  )
)
```

步骤 7：冻结模型

这里，自适应平均池化层是卷积层和线性层之间的桥梁，我们只训练线性层。最简单的方法是先冻结整个模型。因此，先遍历模型中的所有参数。

假设我们想要微调（训练）最后三层：

```
for param in model.parameters():
    param.requires_grad = False
```

仍然可以进行模型的前向传播和反向传播，但参数不会被更新。我们将在接下来的步骤中微调最后三层：

```
model.classifier[1].requires_grad = True
model.classifier[3].requires_grad = True
```

对于最后一层，因为类标签的数量与 ImageNet 不同，所以我们用自己的输出层替换了原有的输出层：

```
model.classifier[6] = torch.nn.Linear(4096, 2)
```

步骤 8：训练模型

训练过程如下：

```
def find_acc_metric(input_model, input_data_ldr, dvc):
    with torch.no_grad():
        correct_pred, num_examples = 0, 0
        for i, (features, targets) in enumerate(input_data_ldr):
            features = features.to(dvc)
            targets = targets.float().to(dvc)
            preds = input_model(features)
            _, predicted_labels = torch.max(preds, 1)
            num_examples += targets.size(0)
            correct_pred += (predicted_labels == targets).sum()
        return correct_pred.float()/num_examples * 100

def mdl_training(model, epch_nmbr, train_loader,
                 valid_loader, test_loader, optimizer,
                 device, logging_interval=50,
                 scheduler=None,
                 scheduler_on='valid_acc'):
    tme_strt = time.time()
    list_from_loss, accuracy_train, accuracy_validation = [], [], []
    for epoch in range(epch_nmbr):
        model.train()
        for batch_idx, (features, targets) in enumerate(train_loader): # 遍历小批次数据
            features = features.to(device) # 加载数据
            targets = targets.to(device)
            # ## 前向传播和反向传播
            preds = model(features) # 预测
            loss = torch.nn.functional.cross_entropy(preds, targets)
```

```
            optimizer.zero_grad()
            loss.backward() # 反向传播
            # ## 更新模型参数
            optimizer.step()
            # ## 记录
            list_from_loss.append(loss.item())
            if not batch_idx % logging_interval:
                print(f'Epoch: {epoch+1:03d}/{epch_nmbr:03d} '
                      f'| Batch {batch_idx:04d}/{len(train_loader):04d} '
                      f'| Loss: {loss:.4f}')
        model.eval()
        with torch.no_grad(): # 进行推断时保存内存
            train_acc = find_acc_metric(model, train_loader, device=device)
            valid_acc = find_acc_metric(model, valid_loader, device=device)
            print(f'Epoch: {epoch+1:03d}/{epch_nmbr:03d} '
                  f'| Train: {train_acc :.2f}% '
                  f'| Validation: {valid_acc :.2f}%')
        accuracy_train.append(train_acc.item())
        accuracy_validation.append(valid_acc.item())
        tr_time = (time.time() - tme_strt)/60
        print(f'Training Time: {tr_time:.2f} min')
        if scheduler is not None:
            if scheduler_on == 'valid_acc':
                scheduler.step(accuracy_validation[-1])
            elif scheduler_on == 'minibatch_loss':
                scheduler.step(list_from_loss[-1])
            else:
                raise ValueError(f'Invalid `scheduler_on` choice.')
    tr_time = (time.time() - tme_strt)/60
    print(f'Final Training Time: {tr_time:.2f} min')
    test_acc = find_acc_metric(model, test_loader, device=device)
    print(f'Test accuracy {test_acc :.2f}%')
    return list_from_loss, accuracy_train, accuracy_validation
```

步骤 9：评估模型

首先定义一个函数（用于可视化代码在训练集和验证集上准确率）：

```
def Viz_acc(acc_training, val_acc, loc_res):

    epch_nmbr = len(acc_training)

    plt.plot(np.arange(1, epch_nmbr+1),
             acc_training, label='Training')
    plt.plot(np.arange(1, epch_nmbr+1),
```

```
            val_acc, label='Validation')

    plt.xlabel('# of Epoch')
    plt.ylabel('Accuracy')
    plt.legend()

    plt.tight_layout()

    if loc_res is not None:
        image_path = os.path.join(
            loc_res, 'plot_acc_training_validation.pdf')
        plt.savefig(image_path)
```

配置和执行模型的训练过程以进行验证:

```
DEVICE = "cuda" if torch.cuda.is_available() else "cpu"
model = model.to(DEVICE)

optimizer = torch.optim.SGD(model.parameters(), momentum=0.9, lr=0.01)
scheduler = torch.optim.lr_scheduler.ReduceLROnPlateau(optimizer,
                                                       factor=0.1,
                                                       mode='max',
                                                       verbose=True)

list_from_loss, accuracy_train, accuracy_validation = mdl_training(
    model=model,
    epch_nmbr=5,
    train_loader=train_loader_cln,
    valid_loader=valid_loader_cln,
    test_loader=test_loader_cln,
    optimizer=optimizer,
    device=DEVICE,
    scheduler=scheduler,
    scheduler_on='valid_acc',
    logging_interval=100)
```

输出结果如下:

```
Epoch: 001/005 | Batch 0000/0001 | Loss: 1.4587
Epoch: 001/005 | Train: 79.13% | Validation: 76.21%
Time elapsed: 0.34 min
Epoch: 002/005 | Batch 0000/0001 | Loss: 0.8952
Epoch: 002/005 | Train: 92.72% | Validation: 90.29%
Time elapsed: 0.67 min
Epoch: 003/005 | Batch 0000/0001 | Loss: 0.3280
```

```
Epoch: 003/005 | Train: 97.57% | Validation: 96.60%
Time elapsed: 0.99 min
Epoch: 004/005 | Batch 0000/0001 | Loss: 0.1774
Epoch: 004/005 | Train: 99.03% | Validation: 96.60%
Time elapsed: 1.32 min
Epoch: 005/005 | Batch 0000/0001 | Loss: 0.0581
Epoch: 005/005 | Train: 99.51% | Validation: 98.06%
Time elapsed: 1.66 min
Total Training Time: 1.66 min
Test accuracy 100.00%
```

通过以下代码可视化模型在训练集和验证集上的表现：

```
Viz_acc(accuracy_train=accuracy_train,
        accuracy_validation=accuracy_validation, results_dir=None)
plt.ylim([60, 100])
plt.show()
```

输出结果如图 7-2 所示。

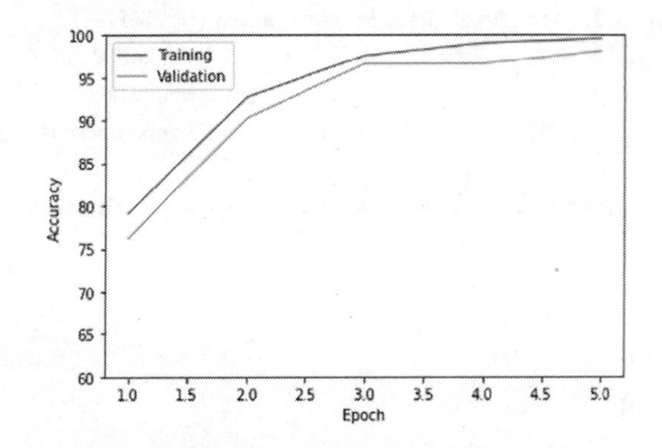

图 7-2 模型训练集与验证集上准确率的对比

接着定义一个函数，以展示模型在一批样本上的预测结果并将预测的类别标签和真实的类别标签显示在每张图上：

```
def example_sample(model, data_loader, unnormalizer=None, class_dict=None):
    for batch_idx, (features, targets) in enumerate(data_loader):
        with torch.no_grad():
            features = features
            targets = targets
            preds = model(features)
            predictions = torch.argmax(preds, dim=1)
```

```
            break

    fig, axes = plt.subplots(nrows=3, ncols=5, sharex=True, sharey=True)

    if unnormalizer is not None:
        for idx in range(features.shape[0]):
            features[idx] = unnormalizer(features[idx])
        nhwc_img = np.transpose(features, axes=(0, 2, 3, 1))

        if nhwc_img.shape[-1] == 1:
            nhw_img = np.squeeze(nhwc_img.numpy(), axis=3)

            for idx, ax in enumerate(axes.ravel()):
                ax.imshow(nhw_img[idx], cmap='binary')
                if class_dict is not None:
                    ax.title.set_text(f'P: {class_dict[predictions[idx].item()]}'
                                      f'\nT: {class_dict[targets[idx].item()]}')
                else:
                    ax.title.set_text(f'P: {predictions[idx]} | T: {targets[idx]}')
                ax.axison = False
    else:
        for idx, ax in enumerate(axes.ravel()):
            ax.imshow(nhwc_img[idx])
            if class_dict is not None:
                ax.title.set_text(f'P: {class_dict[predictions[idx].item()]}'
                                  f'\nT: {class_dict[targets[idx].item()]}')
            else:
                ax.title.set_text(f'P: {predictions[idx]} | T: {targets[idx]}')
            ax.axison = False
    plt.tight_layout()
    plt.show()
```

接下来，定义一个 UnNormalize 类，其作用是将被标准化的图像张量反归一化，以便将数据恢复到原始的颜色和亮度范围，从而方便观察和理解：

```
class UnNormalize(object): # 用于绘制图像
    def __init__(self, mean, std):
        self.mean = mean
        self.std = std

    def __call__(self, tensor):
        """
        Parameters:
        ------------
```

```
        tensor (Tensor): Tensor image of size (C, H, W) to be normalized.

        Returns:
        ------------
        Tensor: Normalized image.
        """
        for t, m, s in zip(tensor, self.mean, self.std):
            t.mul_(s).add_(m)
        return tensor
```

输出结果如图 7-3 所示。

图 7-3 输出图

通过以下代码定义混淆矩阵：

```
def conf_matrix(model, input_data_ldr, input_dvc):

    trgt_data, pred_data = [], []
    with torch.no_grad():
        for i, (features, targets) in enumerate(input_data_ldr):

            features = features.to(input_dvc)
            targets = targets
            preds = model(features)
            _, predicted_labels = torch.max(preds, 1)
            trgt_data.extend(targets.to('cpu'))
            pred_data.extend(predicted_labels.to('cpu'))

    pred_data = np.array(pred_data)
```

```
    trgt_data = np.array(trgt_data)

    label_values = np.unique(np.concatenate((trgt_data, pred_data)))
    if label_values.shape[0] == 1:
        if label_values[0] != 0:
            label_values = np.array([0, label_values[0]])
        else:
            label_values = np.array([label_values[0], 1])
    n_labels = label_values.shape[0]
    lst = []
    z = list(zip(trgt_data, pred_data))
    for combi in product(label_values, repeat=2):
        lst.append(z.count(combi))
    mat = np.asarray(lst)[:, None].reshape(n_labels, n_labels)
    return mat

def plot_confusion_matrix(conf_mat,
                          hide_spines=False,
                          hide_ticks=False,
                          figsize=None,
                          cmap=None,
                          colorbar=False,
                          show_absolute=True,
                          show_normed=False,
                          class_names=None):

    if not (show_absolute or show_normed):
        raise AssertionError('Both show_absolute and show_normed are False')
    if class_names is not None and len(class_names) != len(conf_mat):
        raise AssertionError('len(class_names) should be equal to number of'
                             'classes in the dataset')

    total_samples = conf_mat.sum(axis=1)[:, np.newaxis]
    normed_conf_mat = conf_mat.astype('float') / total_samples

    fig, ax = plt.subplots(figsize=figsize)
    ax.grid(False)
    if cmap is None:
        cmap = plt.cm.Blues

    if figsize is None:
        figsize = (len(conf_mat)*1.25, len(conf_mat)*1.25)

    if show_normed:
```

```
        matshow = ax.matshow(normed_conf_mat, cmap=cmap)
    else:
        matshow = ax.matshow(conf_mat, cmap=cmap)

    if colorbar:
        fig.colorbar(matshow)

    for i in range(conf_mat.shape[0]):
        for j in range(conf_mat.shape[1]):
            cell_text = ""
            if show_absolute:
                cell_text += format(conf_mat[i, j], 'd')
                if show_normed:
                    cell_text += "\n" + '('
                    cell_text += format(normed_conf_mat[i, j], '.2f') + ')'
            else:
                cell_text += format(normed_conf_mat[i, j], '.2f')
            ax.text(x=j,
                    y=i,
                    s=cell_text,
                    va='center',
                    ha='center',
                    color="white" if normed_conf_mat[i, j] > 0.5 else "black")

    if class_names is not None:
        tick_marks = np.arange(len(class_names))
        plt.xticks(tick_marks, class_names, rotation=90)
        plt.yticks(tick_marks, class_names)

    if hide_spines:
        ax.spines['right'].set_visible(False)
        ax.spines['top'].set_visible(False)
        ax.spines['left'].set_visible(False)
        ax.spines['bottom'].set_visible(False)
    ax.yaxis.set_ticks_position('left')
    ax.xaxis.set_ticks_position('bottom')
    if hide_ticks:
        ax.axes.get_yaxis().set_ticks([])
        ax.axes.get_xaxis().set_ticks([])

    plt.xlabel('predicted label')
    plt.ylabel('true label')
    return fig, ax

mat = conf_matrix(model=model, data_loader=test_loader_cln, device=torch.device('cpu'))
```

```
plot_confusion_matrix(mat, class_names=class_dict.values())
plt.show()
```

输出结果如图 7-4 所示。

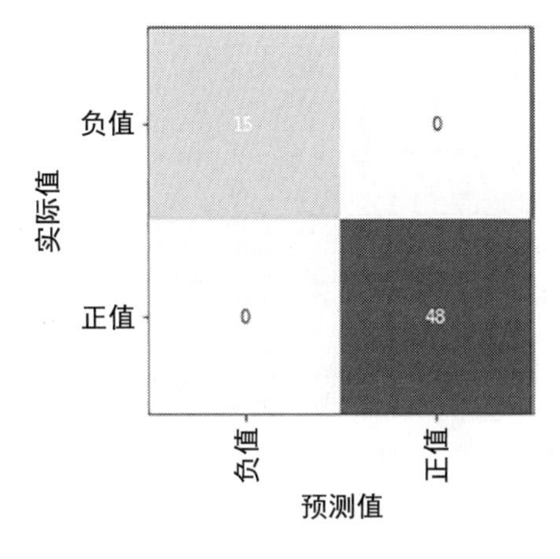

图 7-4 混淆矩阵

7.3 方法 2：使用自编码器

在这个方法中，将构建一个自编码器训练网络，它包含两个部分：

- 编码器 (encoder)：根据像素值对原始图像进行编码
- 解码器 (decoder)：根据编码器的输出重建图像

我们将根据原始图像和由模型重建的图像之间的差异来评估模型。根据误差度量分数，可以检测出最异常的数字。

五步实现过程如下：

步骤 1：准备数据集对象

步骤 2：构建自编码器网络

步骤 3：训练自编码器网络

步骤 4：根据原始数据计算重建损失

步骤 5：根据误差度量分数选择最异常的数字

步骤 1：准备数据集对象

首先，加载 input.csv 文件。这个文件的每一行都包含 65 个值。前 64 个值代表手写数字的灰度像素值，最后一个值代表数字的原始类别，这个值在 0 到 9 之间。

将 CSV 数据记录转换为张量。然后对像素值和原始类别数据进行归一化处理：

```
# 步骤 1
# 准备数据集对象
print("\nLoad csv data, convert to  data as normalized tensors ")
# 加载 .csv 数据集，它包含 65 个值
# 前 64 个值代表 64 个像素的灰度值
# 最后 1 个值代表实际数字（在 0 到 9 之间）
csv_data = "hand_written_digits.txt"

# 利用帮助函数 "tensor_converter" 将 csv 格式转换为归一化的张量
tensor_data = tensor_converter(csv_data)
```

步骤 2：构建自编码器网络

这一步中，构建一个自编码器网络，它包含编码器和解码器架构。

- 编码器将原始数字像素值转到低维度空间，例如，将 64 个灰度像素值转换为 8 个值。
- 解码器从低维度空间重构原始数字。例如，使用 8 个值重构出包含 64 个像素的灰度图像。

在这个问题中，我们在编码和解码过程都使用了全连接层。编码网络使由三个全连接层构成，其中第一个全连接层将 65 个值 (64+1) 转换为 48 个，第二层将 48 个值转换为 32 个。最后一层将 32 个值转换为 8 个。因此，编码过程是 65-48-32-8。

解码网络也由三个全连接层构成，第一层将 8 个值转换为 32 个，第二层将 32 个值转换为 48 个。最后一层将 48 个值转换为 65 个。因此，解码过程是 8-32-48-65。

```
def __init__(self):
    super(Autoencoder, self).__init__()
    self.fc1 = T.nn.Linear(65, 48)
    self.fc2 = T.nn.Linear(48, 32)
    self.fc3 = T.nn.Linear(32, 8)
    self.fc4 = T.nn.Linear(8, 32)
    self.fc5 = T.nn.Linear(32, 48)
    self.fc6 = T.nn.Linear(48, 65)

def encode(self, x):
```

```
        # 65-48-32-8
        z = T.tanh(self.fc1(x))
        z = T.tanh(self.fc2(z))
        z = T.tanh(self.fc3(z))
        return z

    def decode(self, x):
        # 8-32-48-65
        z = T.tanh(self.fc4(x))
        z = T.tanh(self.fc5(z))
        z = T.sigmoid(self.fc6(z))
        return z
```

步骤 3：训练自编码器网络

使用学习率、周期数、批大小、损失指标和损失优化器等超参数训练自编码器网络。对于训练，辅助函数接受自编码器网络，张量数据和所有其他超参数，如前所述：

```
# 步骤 3. 训练自编码器模型
batch_size = 10
max_epochs = 200
log_interval = 8
learning_rate = 0.002

train(autoenc,tensor_data, batch_size, max_epochs,log_interval, learning_rate)
```

步骤 4：根据原始数据计算重构损失

通过比较原始手写数字和重构的数字来评估训练后的模型。使用以下代码计算并存储图像重构损失：

```
# 设置自编码器模式为评估
autoenc.eval()
# 存储重构的 MSE( 均方误差 ) 损失
MSE_list = make_err_list(autoenc, tensor_data)
# 根据 MSE 损失从高到低对列表进行排序
MSE_list.sort(key=lambda x: x[1], reverse=True)
```

步骤 5：根据错误度量分数选择最异常的数字

基于最高的 MSE 损失，需要找出数据集中的异常数字：

```
# 步骤 5. 展示数据集中基于最高 MSE 的异常数字
print("Anomaly digit in the dataset given based on Highest MSE:")
(idx,MSE) = MSE_list[0]
```

```
print(" index : %4d , MSE : %0.4f" % (idx, MSE))
display_digit(tensor_data, idx)
```

输出。

步骤 6：

```
Anomaly digit in the dataset given based on Highest MSE:
Index : 486 , MSE : 0.1360
```

输出如图 7-5 所示。

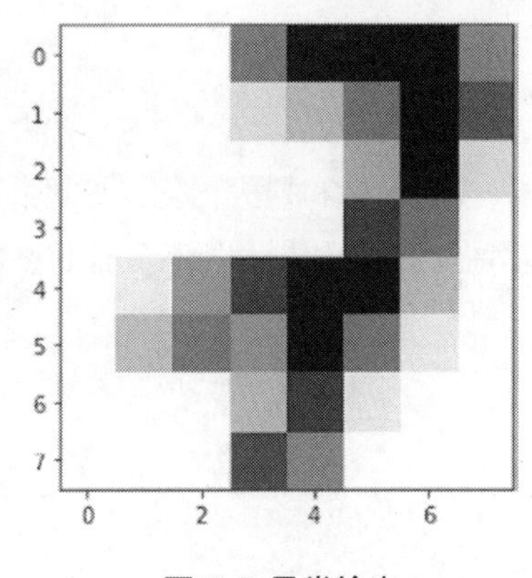

图 7-5 异常输出

7.4 小结

本章使用 VGG 架构来识别样本图像数据集中的异常。我们开发了一个端到端的流程并对代码进行了深入探索。只需要小小的改动，就可以用这个模型来处理工业级问题。

本章有助于我们理解异常检测，而下一章将讨论最前沿的应用案例：图像超分辨率。我们已经看到，有许多可以提高图像质量和分辨率的应用。那么，我们是否能自己建一个 PyTorch 模型来实现这个功能呢？让我们在下一章中找出答案。

第 8 章

图像超分辨率

随着高分辨率图像捕捉技术的出现，我们现在可以从图像中采集海量的信息。现在的技术已经从超清进化到了 4K 分辨率和 8K 分辨率[①]。如今的电影都在使用高分辨率帧，不过它们也有时需要将低分辨率升级到高分辨率。例如，当一部电影中的主角试图通过一张疾驰汽车的照片来识别车牌号码时。现在，超分辨率技术可以帮助我们在产生形变的前提下巨幅放大图像。这个领域中出现了一些非常有趣的进展，我们将结合一些例子来展开讨论。

图像中的信息不可能超过它一开始就有的信息量。计算机科学领域有一个说法：“垃圾输入，垃圾输出”(garbage-in, garbage-out)。图像信息的概念与这句话类似。我们无法在图像中找到原本就不存在的东西。因此，在某种程度上，超分辨率技术似乎是难以实现的，并且严重受限于信息理论。尽管如此，目前的研究已经表明，这个问题是可以解决的。

让我们深入研究一下当前面临的问题。到目前为止，我们处理的都是监督式学习方式，其中的损失函数总是与基准真相(ground truth) 相关。模型从已确定输入 (X) 和预期输出 (Y) 中进行学习。训练模型的全部意义就在于将输入映射到输出。但在无监督学习中，情况并非如此。无监督的方式帮助模型在没有映射的输出的情况下学习输入数据中的模式。模型学

① 译注：根据国际电信联盟的定义，K 代表横向排列有多少像素，4K 指视频水平方向上大约为 4000 列像素。4K 分辨率 (3840*2160 像素) 为“超高清”。8K 分辨率为 7680*4320 像素。

习数据中的模式，根据这些模式调整权重，然后找出数据中的相似性和差异性。与监督式学习方法不同，无监督学习没有纠正措施。虽然无监督学习中没有基准真相的概念，但它仍然有优化的概念。

接着，让我们探究一下判别式模型 (discriminative model) 和生成式模型 (generative model) 的概念。在生成模型中，我们学习输入和输出的联合概率，并且学习数据的分布，这通常是更通用的训练模型的方法。这些模型能够在输入空间生成合成的数据点。而判别模型则专门在输入空间和输出之间建立映射函数。线性判别分析 (linear discriminative analysis)、朴素贝叶斯和高斯模型都是生成模型的例子。

为什么要引入生成模型和讨论学习数据分布的概念呢？让我们回顾一下这个逻辑，它可以帮助我们理解和应用超分辨率技术：

- 使用最近邻概念进行图像放大
- 双线性插值 / 双三次插值
- 傅里叶变换
- 神经网络

我们将详细探讨所有这些方法。但在此之前，先来探索一下用于对低分辨率图像进行放大的基本技术，第一个是最近邻插值 (nearest-neighbor scaling)。图 8-1a 展示了一个基本的图像，可以将其放大为更大的图像 (图 8-1b)，但请记住，图像中的信息是不变的，只是表现形式发生了改变。

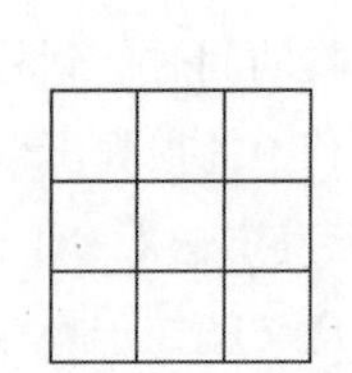

图 8-1a 3×3 的图像

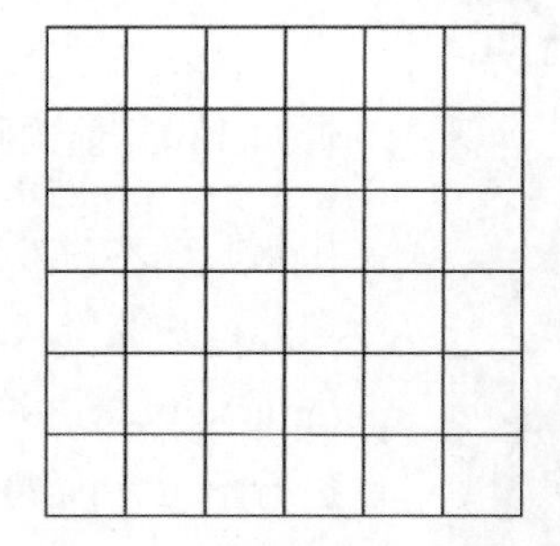

图 8-1b 扩展到 6×6 的 3×3 图像

8.1 利用最近邻概念放大图像

需要快速改变分辨率的问题也需要更快的操作。我们知道，使用卷积神经网络或者类似神经网络的任何东西都需要大量的计算，因此是时候采用一些简单的技术了。在需要更快的技术时，利用最近邻概念放大图像是最佳选择。

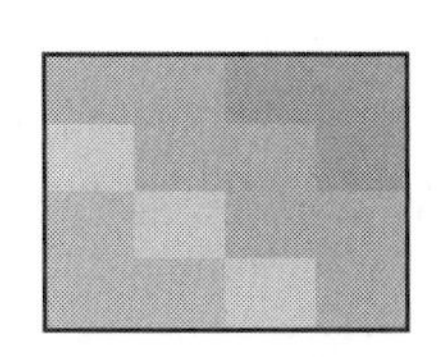

图 8-2a 样本图像

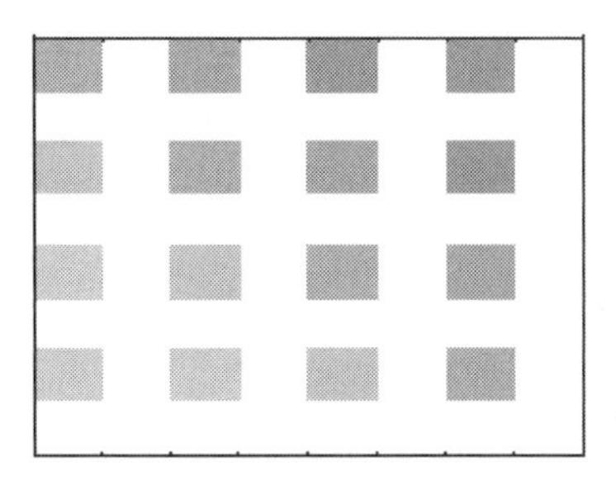

图 8-2b 被放大的样本图像

如图 8-2a 所示，有一张 4×4 的图像需要放大到 8×8，放大后的图像如图 8-2b 所示。最初，图像有 16 个像素，当它被拉伸到 64 个像素后，我们需要填充 48 个空缺的像素。最近邻概念可以通过数轴的单位来理解。想象一条从 0 到 4 的数轴，如果我们将它等分为 4 个部分，或者在这种情况下是 4 个像素，每个部分都包含 25% 的信息。现在，数轴的长度被拉伸到 8，单位的长度保持不变，但每个单位的权重变成了 12.5%。然而，图像所携带的信息是不变的。

利用相同的概念，可以在最近邻方法中使用以下公式来填充放大图像里的空白像素：

$$Source_X = Target_X \frac{Target_{width}}{Source_{width}}$$

$$Source_Y = Target_Y \frac{Target_{height}}{Source_{height}}$$

这个公式为我们提供了放大图像中每个像素的坐标值。

8.2 理解双线性插值

为了理解双线性插值的概念，我们需要先了解线性插值。插值实际上是基于放大的一维扩展。举例来说，假设一条直线的两端分别标有两个值——x_1 和 x_2——并且这两个值是相等的。如果要在这两端之间插入第三个值，该怎么做呢？

算法建议我们使用加权平均的概念来插值得到未知值。这个权重可以通过 x_1 和 x_2 之间的比例距离得出。在二维空间内对图像进行缩放时，可以使用这种逻辑。

要获得 (宽度，高度) 这两个维度上的坐标值，我们可以在每个维度上进行线性插值。这将有助于二维图像的缩放。

接下来，探讨图像放大中最受期待的概念——神经网络。现有的放大方法可能显得比较粗糙和直接，完全没有精细的处理。这些放大方法往往会反复使用一些经过实践检验的公式来生成数值。虽然在某些情况下，这种重复可以产生奇效，但在这个过程中，方法本身并没有进行改进或优化。因此，我们将开始探索神经网络是如何学习的。在编写代码并使用模型架构之前，需要先讨论一下基础模块——变分自编码器 (VAE) 和生成对抗网络 (GAN)。

8.3 变分自编码器

在深度学习领域，编码器 - 解码器 (encoder-decoder) 架构是最具革命性的改进之一。神经网络能够从图像中提取信息，并根据理解重建图像。而自编码器架构正是一种神经网络架构。它可以学习数据中的模式并将其降维至较小的维度。然后，这些维度可以被用来重新构建原始图像。需要注意的是，尽管理论上来讲，我们可以创建一个无损的架构，完美地重建图像，但在现实中，这样的情况非常少见。

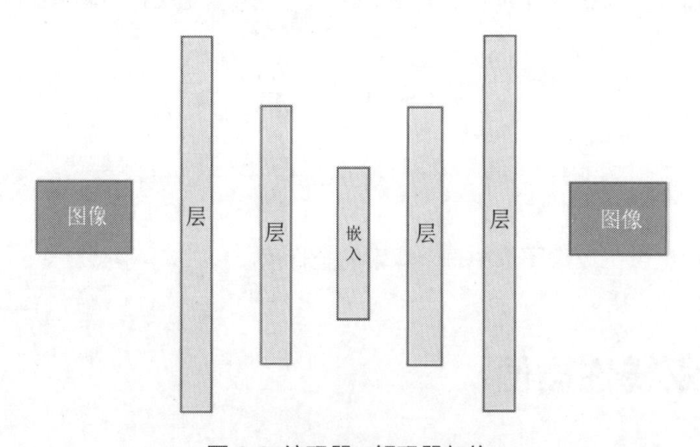

图 8-3 编码器 - 解码器架构

图 8-3 中的神经网络表征架构展示了图像是如何被多个相互连接的层所理解并转换为嵌入形式的。这个嵌入是模型从图像中提取出来的信息的表示。

首先，编码器学习输入图像中的数据分布或模式，它不仅需要理解这些信息，与之配对的解码器也需要能够解读嵌入。因此，特征的提取和理解需要使解码器能够根据嵌入来准确地还原出原始图像，并尽量减小损失。

另一边，解码器位于嵌入层之后，试图将嵌入层转换为原始图像，并尽可能地降低损失。神经网络压缩信息后再重建图像，这个过程是自编码器网络的核心概念。

在传输信息时，传输的带宽可能会影响图像的分辨率。压缩可以帮助将低分辨率图像传输到目的地。图像到达目的地后，解码器层就会开始工作，对图像进行放大处理并恢复原始图像。

压缩和解压缩的概念可以进一步应用于图像放大。在了解编码器 - 解码器架构的基础知识后，接下来我们将探索一个有趣的概念“变分自编码器”(variational autoencoder)。

我们知道，传统的自编码器架构创建了一个带有代表性信息的隐空间，以便解码网络生成输出。但想象一下，如果有一个属性只对应一个离散值，那么在重建过程中，它会被限制为这个固定的值。这样的限制不利于模型从分布中生成新的值，而只是不断重复现有的值。隐空间中的表示能否是一个分布，而不是离散值呢？这是可以实现的，但需要引入两种不同的过程：

- 随机过程
- 确定性过程

深度学习的多个相关概念已经证明，进行训练时，都需要一系列可以学习并适应损失的过程。将模型的参数应用于计算损失 (实际结果和输出之间的差异) 的前向传播过程以及根据期望输出和实际输出之间的差异所产生的损失来更改权重的反向传播过程，都是必不可少的。所以，我们本质上只能训练确定性网络。图 8-4 显示了变分自编码器的结构。

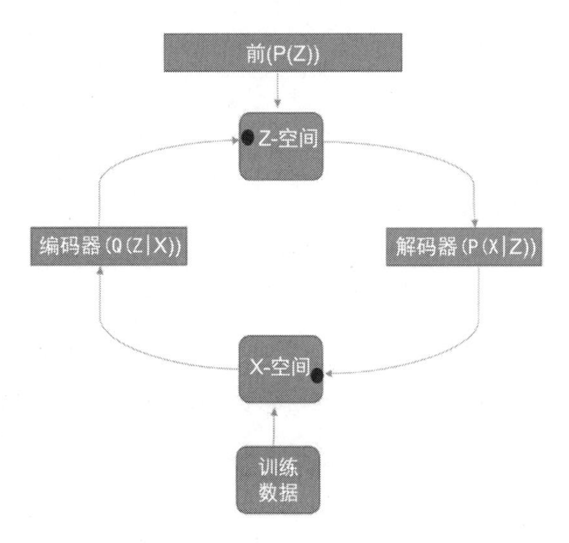

图 8-4 变分自编码器图示

从图中可以看出变分自编码器是如何尝试将数据分布映射到隐空间的。φ 参数化 (parameterized) 编码器网络使用训练数据来学习从训练数据 (或称为 x 空间) 到隐空间 (或称为 z 空间) 的随机映射。

编码器或推理模型负责学习数据中的模式。事实上，虽然原始数据空间 (x 空间) 的经验分布 (empirical distribution) 可能相当复杂，但它们在隐空间中却相对简单。由 θ 参数化的生成网络负责学习条件概率分布 P(x|z)。解码器部分则是从一个先验分布 (通常为正态高斯分布) 和确定性过程中学习。相较于自编码器，变分自编码器在这里引入了一个额外的随机过程。图 8-5 展示了变分自编码器网络的表现形式，可以看到它在原有的自编码器架构中增加了随机性。

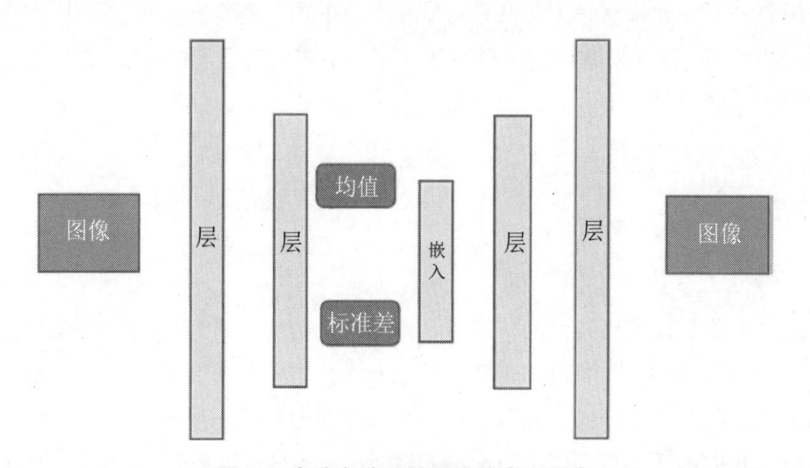

图 8-5 变分自编码器网络的表现形式

所以，尽管之前更专注于找到隐空间的向量或离散值的嵌入，但接下来我们要找均值和标准差的向量空间。

潜在分布为这个过程带来了随机性。但最终，我们还是需要通过反向传播来训练模型，而随机性导致我们无法直接使用传统反向传播算法来进行训练。为了克服这个问题，我们要把均值视为一个固定向量。为了保持随机性并维护模型中的先验分布，我们还会将标准差视为一个固定向量，但它会受到来自高斯先验分布的随机常数的影响。

这个采样过程并不像表面上那么简单，因为损失函数将包含重构损失 (reconstruction loss) 和正则化损失 (regularization loss)。我们要使用重参数化 (reparameterization) 技巧，其中€从先验的正态高斯分布中采样，然后通过潜在分布的均值进行平移，最后通过标准差进行缩

放。对应的公式为

```
Z = mean + std * € ----- (i)
```

从标准的随机节点，得到等式

```
Z = Q(Z|X) Φ 参数比 ---------- (ii)
```

也可以通过图形方式来可视化这个技巧，以便更清楚地理解重参数化的概念并将学习路径中的随机过程转化为确定性节点。

图 8-6a 展示了反向传播 (或者模型) 学习隐空间时可能出现的问题。图 8-6b 展示了重参数化的过程，其中反向传播可以通过实线箭头表示的路径进行。虚线箭头代表随机过程，它不会阻碍训练过程，也不直接参与反向传播。它不学习任何东西，也不会根据损失函数调整权重。值得注意的是，通过将随机过程移出反向传播路径，*z* 空间中的过程类型会发生改变。

公式 (i) 可以视为图 8-6b 的粗略估计，而公式 (ii) 则是图 8-6a 的估计。

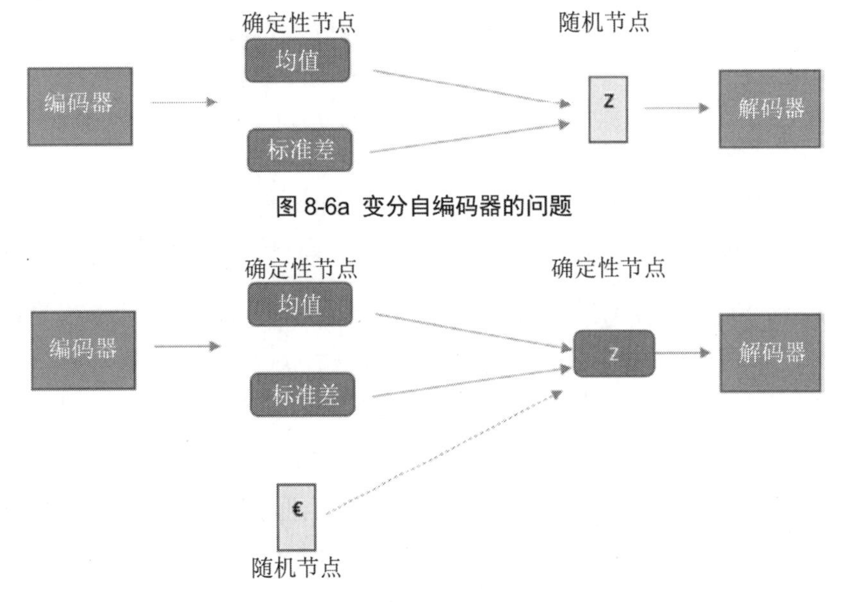

图 8-6a 变分自编码器的问题

图 8-6b 重参数化技巧

至此，我们已经初步掌握了变分自编码器的概念，它有多种用途。这种小的随机过程可以帮助我们生成来自同一概率分布的相似图像。它在图像重建或图像生成中非常有用，而这两方面的需求是长盛不衰的。采样过程使生成模型或解码模型能够从相同的分布中重新创建图像，只有细微的变化。在某些情况下，它有助于插值信号或图像。这种插值概念可以用来调整图像的大小。对变分自编码器的讨论就到此为止了，接下来，让我们先来看看另一种生成式算法“生成式对抗网络”，然后再深入研究图像尺寸调整代码。

8.4 生成式对抗网络

生成式对抗网络 (generative adversarial network，GAN) 是伊恩・古德费洛 (Ian Goodfellow) 在 2014 年引入深度学习的一种网络。这种网络能够创建与原始样本非常接近的新样本，也被广泛应用于图像的风格转换。

生成式对抗网络由两个模型组成：生成器模型和判别器模型。两者联合起来，形成一种监督式学习方式。

- 生成器 (generator)：该模型尝试根据特定的领域或问题集生成样本，这些样本通常来自于固定的分布。生成器接收随机输入，大多数情况下都使用高斯分布来提供输入。在训练过程中，这些随机或无意义的点将被视为来自特定领域的分布。生成器应该能够从输入数据分布生成表示。如前文所述，数据分布复杂，编码器试图将其映射到一个更简单但信息压缩度极高的块中。这个空间通常被称为隐空间，自编码器的生成器块从隐空间生成输出结果。模型能够理解数据分布的细节并创建一个表示，从中采样。这个样本将能够欺骗判别器或分类器。
- 判别器 (discriminator)：当生成器模型创建出自认为非常接近原始数据分布的假样本 (fake sample) 后，这些样本就会被传递给判别器模型进行验证和分类。判别器本质上是一个分类模型，它的任务是对生成器生成的图像进行分类，判断图像是真实的还是伪造的。判别器能够区分真假。

我们已经明确了一点，那就是生成器和判别器必须同时进行训练。生成式对抗网络之所以得名，是因为生成器模型和判别器模型是相互对抗的，两者是零和博弈。理论上，一个模型不会彻底打败另一个。生成器网络尽其所能地创建逼真的假图，并期望判别器无法识别出图是假的。另一方面，为了捕捉到图中任何可能的异常，判别器模型持续训练自己。在理想情况下，生成器最终能生成出判别器无法判断真假的图 (判断为假 / 真的概率各为 50%)。最后，生成器从网络中移除，用于其他目的。

8.5 模型代码

前面讨论了生成式对抗网络背后的基本概念，引出了它的众多用途之一——超分辨率。它的其他应用包括风格转换、图像生成等。处理超分辨率的模型是 SRGAN，其前身之一 SRResNet 在结构相似度指数 (SSIM) 和峰值信噪比 (PSNR) 方面取得了不错的结果。

超分辨率问题中通常需要确定以下指标。

- 结构相似性指标 (structural similarity index，SSIM)：该指标衡量的是两个图像的结构相似性，它检查图像各部分之间的结构相似性，它的计算还考虑到了所选窗口的平均值和标准差。
- 峰值信噪比 (peak signal to noise ratio，PSNR)：这是另一个重要的指标，用于衡量图像的重构损失或与原图像相比变化的图像的损失，最好可以通过计算均方误差来定义，它可以通过采取以 10 为基数的对数尺度来形成。
- 平均意见值 (mean opinion score，MOS)：由一个序列尺度上的单个数字定义，范围是 1 到 5。1 代表是最低主观评估评价，5 代表最高的主观评估评价。

了解了用来定义和测量差异的指标后，接下来看看用于开发代码的数据。

我们要使用 DIV2K 数据集，该数据集包含 1000 张高清图像，按照 800 ∶ 100 ∶ 100 的比例分为训练、验证和测试数据。这些数据可以从 2017 年 CVPR 会议上发布的原始论文中下载，地址为 https://data.vision.ee.ethz.ch/cvl/DIV2K/。

代码的设置需要遵循应用程序的标准构建方式。这通常意味着需要有一个模型文件、一些实用脚本、一个训练文件和一个验证文件。在有些情况下，如果这个模型需要作为应用程序托管到服务器上，则还需要一个设置文件。首先从模型文件开始。

8.6 模型开发

代码库中包含生成模型模块、判别模型模块、残差模块以及内容损失计算模块。

8.6.1 导入模块

把 Torch 框架用于整个代码块。如果在本地环境下进行开发，则必须确保 Torch 及其依赖项已经安装并能正常运行。Torch 和 TorchVision 这两个包很重要，需要安装。如果 GPU 配备了 CUDA 核心，则应该安装最新的 CUDA 包以帮助 PyTorch 利用并行的 GPU 核心进行计算。

对于模型的脚本，导入与 Torch 和 TorchVision 相关的函数：

```
import torch
import torch.nn as nn
import torch.nn.functional as F
import torchvision.models as models
from torch import Tensor
```

接下来，定义 Generator 类来帮助重新生成图像：

```
class Generator(nn.Module):
    ## 定义生成器模型
    ## 扩展 nn.Module 类
    ## 初始化 Sequential 模型，该模型期望输入数据的通道数是 3，输出数据的通道数是 64

    def __init__(self) -> None:
        super(Generator, self).__init__()

        self.convolutional_block1 = nn.Sequential(
            nn.Conv2d(3, 64, (9, 9), (1, 1), (4, 4)),
            nn.PReLU()
        )
        ## 添加 16 个 resnet 卷积块

        res_trunk = []
        for _ in range(16):
            res_trunk.append(ResidualConvBlock(64))
        self.res_trunk = nn.Sequential(*res_trunk)
        self.convolutional_block2 = nn.Sequential(
            nn.Conv2d(64, 64, (3, 3), (1, 1), (1, 1), bias=False),
            nn.BatchNorm2d(64)
        )

        self.upsampling = nn.Sequential(
            nn.Conv2d(64, 256, (3, 3), (1, 1), (1, 1)),
            nn.PixelShuffle(2),
            nn.PReLU(),
            nn.Conv2d(64, 256, (3, 3), (1, 1), (1, 1)),
            nn.PixelShuffle(2),
            nn.PReLU()
        )

        self.convolutional_block3 = nn.Conv2d(64, 3, (9, 9), (1, 1), (4, 4))
```

```
        self._initialize_weights()

    def forward(self, x: Tensor) -> Tensor:
        return self._forward_impl(x)

    def _forward_impl(self, x: Tensor) -> Tensor:
        ## 定义前向传播 -> 包含 3 个卷积块的过程
        out1 = self.convolutional_block1(x)
        out = self.res_trunk(out1)
        out2 = self.convolutional_block2(out)
        output = out1 + out2
        output = self.upsampling(output)
        output = self.convolutional_block3(output)

        return output

    def _initialize_weights(self) -> None:
        ## 初始化权重
        ## 对批归一化进行预处理
        for m in self.modules():
            if isinstance(m, nn.Conv2d):
                nn.init.kaiming_normal_(m.weight)
                if m.bias is not None:
                    nn.init.constant_(m.bias, 0)
                m.weight.data *= 0.1
            elif isinstance(m, nn.BatchNorm2d):
                nn.init.constant_(m.weight, 1)
                m.weight.data *= 0.1
```

这段代码定义了一个能够重新生成图像的卷积块类。注意，这段代码包含三个卷积块和一个上采样块。第一个卷积块后面是一个残差块，它是整个生成器网络的主干。然后是第二个卷积块。上采样块由一对卷积层和像素混洗操作组成。最后一个卷积块被用于生成输出。这个块配有批归一化层和 3×3 卷积层的组合。

前向传递帮助在 _forward_impl 函数中构建序列模型。还有一个函数用于初始化权重。在介绍完基本的生成器类之后，我们要转向下一个类——判别器类。

判别器模块在标准的 nn.module 的基础上进行了扩展，包含 8 层卷积。它们在每层后都使用批归一化来支持深度运行。模型结构使用 Leaky ReLU 作为激活函数。模型的最后使用 torch.flatten 层，后者有助于进行分类：

```
class Discriminator(nn.Module):
```

```
    ## 定义判别器
    def __init__(self) -> None:
        super(Discriminator, self).__init__()
        self.features = nn.Sequential(

            nn.Conv2d(3, 64, (3, 3), (1, 1), (1, 1), bias=True),
            nn.LeakyReLU(0.2, True),

            nn.Conv2d(64, 64, (3, 3), (2, 2), (1, 1), bias=False),
            nn.BatchNorm2d(64),
            nn.LeakyReLU(0.2, True),

            nn.Conv2d(64, 128, (3, 3), (1, 1), (1, 1), bias=False),
            nn.BatchNorm2d(128),
            nn.LeakyReLU(0.2, True),
            nn.Conv2d(128, 128, (3, 3), (2, 2), (1, 1), bias=False),
            nn.BatchNorm2d(128),
            nn.LeakyReLU(0.2, True),

            nn.Conv2d(128, 256, (3, 3), (1, 1), (1, 1), bias=False),
            nn.BatchNorm2d(256),
            nn.LeakyReLU(0.2, True),
            nn.Conv2d(256, 256, (3, 3), (2, 2), (1, 1), bias=False),
            nn.BatchNorm2d(256),
            nn.LeakyReLU(0.2, True),
            nn.Conv2d(256, 512, (3, 3), (1, 1), (1, 1), bias=False),
            nn.BatchNorm2d(512),
            nn.LeakyReLU(0.2, True),
            nn.Conv2d(512, 512, (3, 3), (2, 2), (1, 1), bias=False),
            nn.BatchNorm2d(512),
            nn.LeakyReLU(0.2, True)
        )
        self.classifier = nn.Sequential(
            nn.Linear(512 * 6 * 6, 1024),
            nn.LeakyReLU(0.2, True),
            nn.Linear(1024, 1),
            nn.Sigmoid()
        )

    def forward(self, x: Tensor) -> Tensor:
        ## 定义前向传播
        output = self.features(x)
        output = torch.flatten(output, 1)
        output = self.classifier(output)
```

```
        return output
```

此模型在架构中建立了 Discriminator 类。接下来看看 ContentLoss 类：

```
class ContentLoss(nn.Module):
    ## 定义内容损失类
    ## 特征提取器 - 到 36
    def __init__(self) -> None:
        super(ContentLoss, self).__init__()
    ## 使用预训练的 VGG 模型来提取特征
        vgg19_model = models.vgg19(pretrained=True,
        num_classes=1000).eval()

        self.feature_extractor = nn.Sequential(*list(vgg19_model.features.children())[:36])

        for parameters in self.feature_extractor.parameters():
            parameters.requires_grad = False
        self.register_buffer("std", torch.Tensor([0.229, 0.224, 0.225]).view(1, 3, 1, 1))
        self.register_buffer("mean", torch.Tensor([0.485, 0.456, 0.406]).view(1, 3, 1, 1))

    def forward(self, sr: Tensor, hr: Tensor) -> Tensor:
        hr = (hr - self.mean) / self.std
        sr = (sr - self.mean) / self.std

        mse_loss = F.mse_loss(self.feature_extractor(sr), self.feature_extractor(hr))

        return mse_loss
```

这个类使用预训练的 VGG 网络提取特征以计算内容损失。接下来看看残差卷积块：

```
class ResidualConvBlock(nn.Module):
    ## 获取残差块

    def __init__(self, channels: int) -> None:
        super(ResidualConvBlock, self).__init__()
        self.rc_block = nn.Sequential(
            nn.Conv2d(channels, channels, (3, 3), (1, 1),
            (1, 1), bias=False),
            nn.BatchNorm2d(channels),
            nn.PReLU(),
            nn.Conv2d(channels, channels, (3, 3), (1, 1),
            (1, 1), bias=False),
            nn.BatchNorm2d(channels)
```

```
        )

    def forward(self, x: Tensor) -> Tensor:
        identity = x
        output = self.rc_block(x)
        output = output + identity

        return output
```

模型脚本到此告一段落。接下来，处理一些辅助函数，先从创建数据集开始：

```
def main():
    r""" Train and test """
    image_list = os.listdir(os.path.join("train", "input"))

    test_img_list = random.sample(image_list, int(len(image_list) / 10))

    ## 遍历测试文件

    for test_img_file in test_img_list:
        filename = os.path.join("train", "input", test_img_file)
        logger.info(f"Process: `{filename}`.")
        shutil.move(os.path.join("train", "input", test_img_file),
                    os.path.join("test", "input", test_img_file))
        shutil.move(os.path.join("train", "target", test_img_file),
                    os.path.join("test", "target", test_img_file))
```

这个函数帮助定义训练和测试数据的拆分，并为训练任务找到相应的数据位置。接下探索 crop 函数，它可以返回被裁剪的图像：

```
def crop_image(img, crop_sizes: int):
    assert img.size[0] == img.size[1]
    crop_num = img.size[0] // crop_sizes
    box_list = []
    for width_index in range(0, crop_num):
        for height_index in range(0, crop_num):
            box_info = ((height_index + 0)*crop_sizes, (width_index + 0) * crop_sizes,
                        (height_index + 1)*crop_sizes, (width_index + 1) * crop_sizes)
            box_list.append(box_info)
    cropped_images = [img.crop(box_info) for box_info in box_list]
    return cropped_images
```

接下来处理一个重要函数 Dataset 类。Dataset 类根据配置和数据的可用性为训练函数提供一批样本数据：

```
class BaseDataset(Dataset):
    ## BaseDatase 类扩展了 pytorch 的数据集类
    ## 应用了增强技术，如随机裁剪、旋转、水平翻转和张量
    ## 还使用了调整大小和中心裁剪
    ## 最后转换为张量

    def __init__(self, dataroot: str, image_size: int, upscale_factor: int, mode: str) -> None:
        super(BaseDataset, self).__init__()
        self.filenames = [os.path.join(dataroot, x) for x in os.listdir(dataroot)]
        lr_img_size = (image_size // upscale_factor, image_size // upscale_factor)
        hr_img_size = (image_size, image_size)

        if mode == "train":
            self.hr_transforms = transforms.Compose([
                transforms.RandomCrop(hr_img_size),
                transforms.RandomRotation(90),
                transforms.RandomHorizontalFlip(0.5),
                transforms.ToTensor()
            ])
        else:
            self.hr_transforms = transforms.Compose([
                transforms.CenterCrop(hr_img_size),
                transforms.ToTensor()
            ])
        self.lr_transforms = transforms.Compose([
            transforms.ToPILImage(),
            transforms.Resize(lr_img_size, interpolation=IMode.BICUBIC),
            transforms.ToTensor()
        ])

    def __getitem__(self, index) -> Tuple[Tensor, Tensor]:
        hr = Image.open(self.filenames[index])
        temp_lr = self.lr_transforms(hr)
        temp_hr = self.hr_transforms(hr)
```

数据集基类提供了诸如随机裁剪、中心裁剪、随机旋转、水平翻转和调整大小等增强功能。最终，它将数据转换为 PyTorch 框架可以处理的张量格式。此外，它还有获取数据集长度和获取单个数据项的功能。

在处理所有必要的函数之后，来到了训练序列。在训练序列中，对生成器进行训练。代码如下：

```
def train_generator(train_dataloader, epochs) -> None:
    ## 从训练生成器开始
    ## 定义数据加载器
    ## 定义损失函数
    batch_count = len(train_dataloader)
    ## 开始训练生成器块
    generator.train()

    for index, (lr, hr) in enumerate(train_dataloader):
        ## 将 hr 传输到 cuda 或 cpu
        hr = hr.to(device)
        ## 将 lr 传输到 cuda 或 cpu
        lr = lr.to(device)
        ## 将生成器的梯度初始化为零，以避免梯度累加
        ## 梯度累加只适合于基于时间的模型
        generator.zero_grad()

        sr = generator(lr)
        ## 定义像素损失
        pixel_losses = pixel_criterion(sr, hr)
        ## 从优化器中获取 step 函数
        pixel_losses.backward()
        ## 生成器的 adam 优化器
        p_optimizer.step()

        iteration = index + epochs * batch_count + 1
        writer.add_scalar(" computing train generator Loss", pixel_losses.item(), iteration)
```

同理，对抗网络的训练如下：

```
def train_adversarial(train_dataloader, epoch) -> None:
    ## 用于训练对抗网络

    batches = len(train_dataloader)
    ## 训练判别器和生成器
    discriminator.train()
    generator.train()

    for index, (lr, hr) in enumerate(train_dataloader):
        hr = hr.to(device)
        lr = lr.to(device)
        label_size = lr.size(0)
        fake_label = torch.full([label_size, 1], 0.0, dtype=lr.dtype, device=device)
```

```
real_label = torch.full([label_size, 1], 1.0, dtype=lr.dtype, device=device)

## 将生成器的梯度初始化为零，以免梯度累加
discriminator.zero_grad()

output_dis = discriminator(hr)
dis_loss_hr = adversarial_criterion(output_dis, real_label)
dis_loss_hr.backward()
dis_hr = output_dis.mean().item()

sr = generator(lr)

output_dis = discriminator(sr.detach())
dis_loss_sr = adversarial_criterion(output_dis, fake_label)
dis_loss_sr.backward()
dis_sr1 = output_dis.mean().item()

dis_loss = dis_loss_hr + dis_loss_sr
d_optimizer.step()

generator.zero_grad()

output = discriminator(sr)

pixel_loss = pixel_weight * pixel_criterion(sr, hr.detach())
perceptual_loss = content_weight * content_criterion(sr, hr.detach())
adversarial_loss = adversarial_weight * adversarial_criterion(output, real_label)
gen_loss = pixel_loss + perceptual_loss + adversarial_loss
gen_loss.backward()
g_optimizer.step()
dis_sr2 = output.mean().item()

iteration = index + epoch * batches + 1
writer.add_scalar("Train_Adversarial/D_Loss", dis_loss.item(), iteration)
writer.add_scalar("Train_Adversarial/G_Loss", gen_loss.item(), iteration)
writer.add_scalar("Train_Adversarial/D_HR", dis_hr, iteration)
writer.add_scalar("Train_Adversarial/D_SR1", dis_sr1, iteration)
writer.add_scalar("Train_Adversarial/D_SR2", dis_sr2, iteration)
```

最终，处理验证块，把生成器和对抗网络结合在一起。

以下的代码将所有内容整合到主函数中并运行整个训练过程：

```
def main() -> None:
    ## 创建目录
    ## 创建训练和验证数据集的位置
    ## 检查是否开始训练
    ## 如果有机会，检查是否恢复训练
    if not os.path.exists(exp_dir1):
        os.makedirs(exp_dir1)
    if not os.path.exists(exp_dir2):
        os.makedirs(exp_dir2)
    train_dataset = BaseDataset(train_dir, image_size, upscale_factor, "train")
    train_dataloader = DataLoader(train_dataset, batch_size, True, pin_memory=True)

    valid_dataset = BaseDataset(valid_dir, image_size, upscale_factor, "valid")
    valid_dataloader = DataLoader(valid_dataset, batch_size, False, pin_memory=True)

    if resume:
        ## 恢复训练
        if resume_p_weight != "":
            generator.load_state_dict(torch.load(resume_p_weight))
        else:
            discriminator.load_state_dict(torch.load(resume_d_weight))
            generator.load_state_dict(torch.load(resume_g_weight))
    best_psnr_val = 0.0

    for epoch in range(start_p_epoch, p_epochs):

        train_generator(train_dataloader, epoch)

        psnr_val = validate(valid_dataloader, epoch, "generator")

        best_condition = psnr_val > best_psnr_val
        best_psnr_val = max(psnr_val, best_psnr_val)
        torch.save(generator.state_dict(), os.path.join(exp_dir1, f"p_epoch{epoch + 1}.pth"))
        if best_condition:
            torch.save(generator.state_dict(), os.path.join(exp_dir2, "p-best.pth"))

        ## 保存最佳模型
        torch.save(generator.state_dict(), os.path.join(exp_dir2, "p-last.pth"))

    best_psnr_val = 0.0

    generator.load_state_dict(torch.load(os.path.join(exp_dir2, "p-best.pth")))
```

```
for epoch in range(start_epoch, epochs):

    train_adversarial(train_dataloader, epoch)

    psnr_val = validate(valid_dataloader, epoch, "adversarial")

    best_condition = psnr_val > best_psnr_val
    best_psnr_val = max(psnr_val, best_psnr_val)
    torch.save(discriminator.state_dict(), os.path.join(exp_dir1, f"d_epoch{epoch + 1}.pth"))
    torch.save(generator.state_dict(), os.path.join(exp_dir1, f"g_epoch{epoch + 1}.pth"))
    if best_condition:
        torch.save(discriminator.state_dict(), os.path.join(exp_dir2, "d-best.pth"))
        torch.save(generator.state_dict(), os.path.join(exp_dir2, "g-best.pth"))
    d_scheduler.step()
    g_scheduler.step()
    torch.save(discriminator.state_dict(), os.path.join(exp_dir2, "d-last.pth"))
    torch.save(generator.state_dict(), os.path.join(exp_dir2, "g-last.pth"))
```

至此，我们完成了代码的编写，接下来就看如何运行它了。现在，代码块应该看起来和图 8-7 一致。完成这些之后，就可以探讨如何运行这个应用程序了。

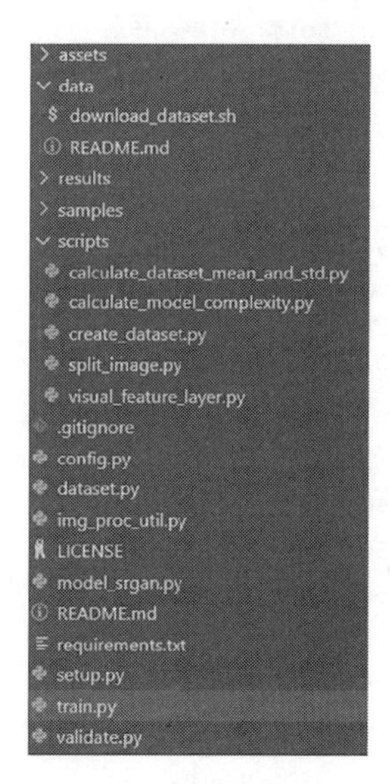

图 8-7　代码开发模板

8.7 运行应用程序

要运行应用程序的话，首先需要将数据集下载到适当的目录，或者通过配置脚本将数据目录映射到训练函数。配置脚本非常关键，因为它会把所有脚本和位置绑定在一起，帮助应用程序理解所需的内容。

为了下载数据，可以使用 bash 访问下载脚本：

```
! bash ./data/download_dataset.sh
```

安装完成后，运行训练脚本即可：

```
! python train.py
```

生成器训练完成后，对抗训练就会开始。下面快速浏览一下各个周期 (epoch) 可能的情况：

```
Train Epoch[0016/0020](00010/00050) Loss: 0.008974.
Train Epoch[0016/0020](00020/00050) Loss: 0.009684.
Train Epoch[0016/0020](00030/00050) Loss: 0.004455.
Train Epoch[0016/0020](00040/00050) Loss: 0.008851.
Train Epoch[0016/0020](00050/00050) Loss: 0.008883.
Valid stage: generator Epoch[0016] avg PSNR: 21.19.

Train Epoch[0017/0020](00010/00050) Loss: 0.005397.
Train Epoch[0017/0020](00020/00050) Loss: 0.006351.
Train Epoch[0017/0020](00030/00050) Loss: 0.007704.
Train Epoch[0017/0020](00040/00050) Loss: 0.007926.
Train Epoch[0017/0020](00050/00050) Loss: 0.005559.
Valid stage: generator Epoch[0017] avg PSNR: 21.37.

Train Epoch[0018/0020](00010/00050) Loss: 0.006054.
Train Epoch[0018/0020](00020/00050) Loss: 0.008028.
Train Epoch[0018/0020](00030/00050) Loss: 0.006164.
Train Epoch[0018/0020](00040/00050) Loss: 0.006737.
Train Epoch[0018/0020](00050/00050) Loss: 0.007716.
Valid stage: generator Epoch[0018] avg PSNR: 21.36.

Train Epoch[0019/0020](00010/00050) Loss: 0.009527.
Train Epoch[0019/0020](00020/00050) Loss: 0.004672.
Train Epoch[0019/0020](00030/00050) Loss: 0.004574.
Train Epoch[0019/0020](00040/00050) Loss: 0.005196.
Train Epoch[0019/0020](00050/00050) Loss: 0.007712.
```

```
Valid stage: generator Epoch[0019] avg PSNR: 21.64.

Train Epoch[0020/0020](00010/00050) Loss: 0.006843.
Train Epoch[0020/0020](00020/00050) Loss: 0.007701.
Train Epoch[0020/0020](00030/00050) Loss: 0.005366.
Train Epoch[0020/0020](00040/00050) Loss: 0.004797.
Train Epoch[0020/0020](00050/00050) Loss: 0.008607.
Valid stage: generator Epoch[0020] avg PSNR: 21.53.

Train stage: adversarial Epoch[0001/0005](00010/00050) D Loss: 0.051520 G Loss: 0.574723
D(HR): 0.970196 D(SR1)/D(SR2): 0.019971/0.003046.
Train stage: adversarial Epoch[0001/0005](00020/00050) D Loss: 0.001356 G Loss: 0.528222
D(HR): 0.998656 D(SR1)/D(SR2): 0.000007/0.000005.
Train stage: adversarial Epoch[0001/0005](00030/00050) D Loss: 0.004768 G Loss: 0.574079
D(HR): 0.999959 D(SR1)/D(SR2): 0.004646/0.000619.
Train stage: adversarial Epoch[0001/0005](00040/00050) D Loss: 0.000339 G Loss: 0.557449
D(HR): 0.999820 D(SR1)/D(SR2): 0.000159/0.000527.
Train stage: adversarial Epoch[0001/0005](00050/00050) D Loss: 0.009615 G Loss: 0.531170
D(HR): 0.990858 D(SR1)/D(SR2): 0.000000/0.000000.
Valid stage: adversarial Epoch[0001] avg PSNR: 11.47.

Train stage: adversarial Epoch[0002/0005](00010/00050) D Loss: 0.000002 G Loss: 0.488294
D(HR): 0.999998 D(SR1)/D(SR2): 0.000000/0.000000.
Train stage: adversarial Epoch[0002/0005](00020/00050) D Loss: 0.114398 G Loss: 0.568630
D(HR): 0.947419 D(SR1)/D(SR2): 0.000000/0.000000.
Train stage: adversarial Epoch[0002/0005](00030/00050) D Loss: 3.704494 G Loss: 0.580344
D(HR): 0.230086 D(SR1)/D(SR2): 0.000000/0.000000.
Train stage: adversarial Epoch[0002/0005](00040/00050) D Loss: 0.000804 G Loss: 0.557581
D(HR): 0.999662 D(SR1)/D(SR2): 0.000464/0.000324.
Train stage: adversarial Epoch[0002/0005](00050/00050) D Loss: 0.001132 G Loss: 0.459117
D(HR): 0.999191 D(SR1)/D(SR2): 0.000317/0.000301.
Valid stage: adversarial Epoch[0002] avg PSNR: 12.48.

Train stage: adversarial Epoch[0003/0005](00010/00050) D Loss: 0.000187 G Loss: 0.488436
D(HR): 0.999847 D(SR1)/D(SR2): 0.000033/0.000032.
Train stage: adversarial Epoch[0003/0005](00020/00050) D Loss: 0.001537 G Loss: 0.444651
D(HR): 0.999899 D(SR1)/D(SR2): 0.001425/0.001385.
Train stage: adversarial Epoch[0003/0005](00030/00050) D Loss: 0.000169 G Loss: 0.493448
D(HR): 0.999877 D(SR1)/D(SR2): 0.000046/0.000041.
Train stage: adversarial Epoch[0003/0005](00040/00050) D Loss: 0.000285 G Loss: 0.465992
D(HR): 0.999925 D(SR1)/D(SR2): 0.000210/0.000202.
Train stage: adversarial Epoch[0003/0005](00050/00050) D Loss: 0.000720 G Loss: 0.567912
D(HR): 0.999978 D(SR1)/D(SR2): 0.000695/0.000668.
```

```
Valid stage: adversarial Epoch[0003] avg PSNR: 13.09.

Train stage: adversarial Epoch[0004/0005](00010/00050) D Loss: 0.000293 G Loss: 0.479247
D(HR): 0.999786 D(SR1)/D(SR2): 0.000079/0.000076.
Train stage: adversarial Epoch[0004/0005](00020/00050) D Loss: 0.000064 G Loss: 0.492225
D(HR): 0.999978 D(SR1)/D(SR2): 0.000042/0.000041.
Train stage: adversarial Epoch[0004/0005](00030/00050) D Loss: 0.000030 G Loss: 0.444387
D(HR): 0.999984 D(SR1)/D(SR2): 0.000014/0.000014.
Train stage: adversarial Epoch[0004/0005](00040/00050) D Loss: 0.000108 G Loss: 0.387137
D(HR): 0.999918 D(SR1)/D(SR2): 0.000025/0.000025.
Train stage: adversarial Epoch[0004/0005](00050/00050) D Loss: 0.000224 G Loss: 0.513328
D(HR): 0.999825 D(SR1)/D(SR2): 0.000049/0.000048.
Valid stage: adversarial Epoch[0004] avg PSNR: 13.29.
```

对于这个训练集，我们使用可配置的 epoch 和其他训练参数，所有这些内容都可以在配置文件中找到。模型就绪且可供下载后，就可以使用它将图像放大四倍。可以在训练时配置缩放因子。到此为止，训练过程就告一段落了。

8.8 小结

本章从有关图像放大的问题开始，探讨了整个过程是如何进行的。我们探索了各种方法的优点和现有的建模技术，还讨论并实现了 SRGAN 这样最前沿的算法。

本章中，还设置了项目并执行了训练过程。本章讨论了如何结合使用卷积模型以及生成模型，按特定比例放大图像。超分辨率是一个正在蓬勃发展的领域，它的应用相当广泛，比如检测交通摄像头所拍到的车牌或者增强老照片。超分辨率是计算机视觉中一个非常重要的领域，这方面的研究已经持续了很多年。

在下一章中，我们的研究方向从静态图像转向动态图像——也就是视频。

第 9 章

视频分析

机器学习最早用于处理结构化数据，旨在从中提取出有意义的预测。之后，随着数据量的增长，机器学习也开始用于处理其他类型的数据。如今已经可以处理很多数据类型。

本书首先研究了结构化数据，然后分析了文本数据。我们运用它来理解文本并使用文本中的特征进行预测。然后，我们探索了如何处理图像数据。尽管这个过程有一些挑战，但得益于图形处理单元 (GPU) 和张量处理单元 (TPU) 处理能力的提升，这些挑战最后都迎刃而解了。

接下来，我们将了解如何进行音频处理，涉及使用频率处理音频或将音频转换为文本，然后进行预测。

所有这些概念集合起来称为“视频分析”。

视频数据是海量的。世界各地的人每秒都在创造新的视频内容。娱乐和体育行业重度依赖视频，而安保摄像头也在捕捉人们的每一个动作。如图 9-1 所示，仅 YouTube 一个平台就拥有超过 20 亿的用户。试想一下这些视频产生的数据量有多么庞大。数据越多，出现的问题就越多，而 AI 将用来解决这些问题。

视频内容分析，也称视频分析，是指自动分析视频以检测和确定时间与空间事件。

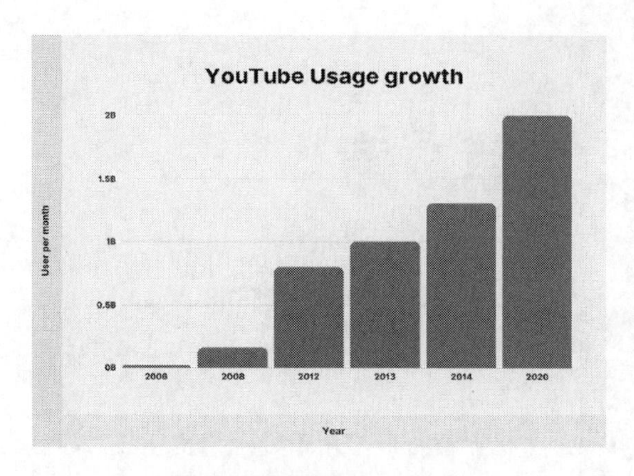

图 9-1 视频网站 YouTube

9.1 问题陈述

在考虑问题陈述之前，先列出几个可能用于视频分析的数据源：

- YouTube
- 社交媒体
- 体育比赛
- 娱乐行业
- 安保摄像头
- 教学平台
- 手机视频

如今，对视频进行处理的需求非常紧迫。庞大的数据量，根本不可能靠人工审核来处理来自各种源 (比如监控摄像头和其他录像设备) 的视频。

每个行业都有可以通过视频来解决的问题。让我们来看看其中一些应用场景：

- 商场、零售商店等地方统计人数
- 在视频中识别一个人的人口统计学信息，比如年龄和性别
- 实时库存监控，以进行库存规划和补货
- 利用运动检测进行商店的安保和监控
- 停车场的使用情况
- 人脸识别
- 行为检测
- 人员跟踪
- 人群检测
- 人数统计 / 是否有人
- 时间管理
- 区域管理和分析 / 边界检测
- 交通管制系统
- 安保 / 监控
- 运动检测
- 队列管理
- 家庭监控
- 自动识别车牌
- 交通监控
- 车辆计数
- 体育比赛分析 (如图 9-2 所示)

图 9-2 体育比赛视频分析

我们将从这个列表中挑选几个例子并进行实现。使用 PyTorch 实现以下应用场景：

- 统计杂货店的顾客数量
- 识别杂货店内的热点区域
- 使用运动检测来管理安保和监控
- 识别人口统计学信息(年龄和性别)

9.2 方法

使用视频作为算法的输入。视频基本包含两个部分：

- 视觉信息或一系列的图像
- 音频

从视频中提取这些子组件以进行处理。在这个项目中，我们只对第一部分(视觉信息)感兴趣。在根据用例提取出一系列图像后，就可以使用算法或预训练模型了。图 9-3 展示了视频分析的解决方案。

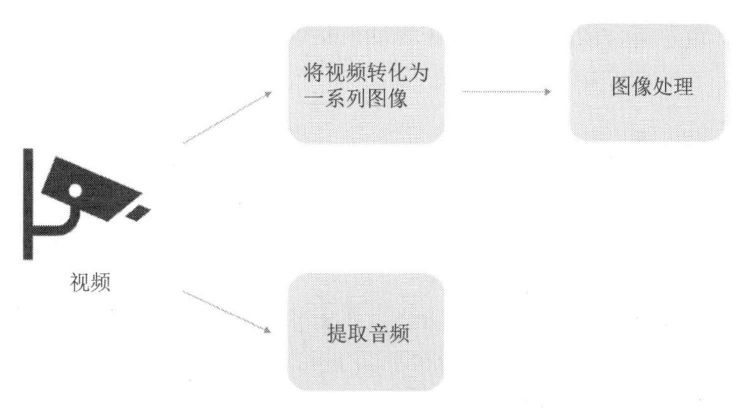

图 9-3　解决方案

最后一部分，也就是图像处理，包括与视频分析相关的各种任务。

- 图像分类：对从视频中提取出的图像进行分类，例如，识别视频中的人的性别。
- 目标检测：检测图像中的目标，例如，在停车场中检测汽车。
- 目标跟踪：检测到目标后，确定目标的移动情况。
- 分割：生成边界框，以识别图像中的各种目标。

9.3 实现

现在，来看看如何实现。首先，需要安装一些必要的库。这里要使用基于 SFNet 架构的预训练模型，它具有基于卷积神经网络的编码器 - 解码器以及带有注意力机制的双路径多尺度融合网络。图 9-4 显示了示例人群和热图。

图 9-4　人群和热图

还要使用 FaceLib 库进行面部检测，尝试预测年龄和性别。至于图像处理和其他操作，则使用 OpenCV：

```
# 安装需要用到的包
!pip install git+https://github.com/sajjjadayobi/FaceLib.git
!git clone https://github.com/Pongpisit-Thanasutives/Variations-of-SFANet-for-Crowd-Counting #仅模型

# 导入包
import cv2
from PIL import Image
import pandas as pd
import numpy as np
%pylab inline
import matplotlib.pyplot as plt
import matplotlib.image as mpimg
import glob

# 导入 torch
import torch
from torchvision import transforms

# 导入 model
import os
os.chdir('/content/Variations-of-SFANet-for-Crowd-Counting')
from models import M_SFANet_UCF_QNRF

# 导入 facelib
from facelib import FaceDetector, AgeGenderEstimator
```

9.3.1 数据

我们要用到 YouTube 上的几个视频。请下载这些视频并保存到本地。

杂货店视频的链接：https://www.youtube.com/watch?v=KMJS66jBtVQ

停车场视频的链接：https://www.youtube.com/watch?v=eE2ME4BtXrk

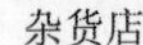

停车场

下载这些视频，稍后将把它们上传到 Google Colab，展开进一步的分析。

9.3.2 把视频上传到 Google Colab

现在，将视频上传到 Google Colab：

```
# 上传视频
from google.colab import files

# 上传
files.upload()
files.upload()
```

还需要上传之后会用到的一个模型权重文件。下载链接：https://drive.google.com/file/d/1oaXIBVg-dgyqRvEXsYDiJh5GNzP35vO-/view。

将这个模型权重文件上传到 Colab：

```
print('Upload model weights')
files.upload()
```

9.3.3 将视频转换为一系列图像

如前所述，视频分析本质上是从视频中生成图像帧。其余步骤与处理图像相同。

构建一个函数，生成输入视频的图像。

```
# 创建用于生成图像的函数

def video_to_image(path, folder):
    global exp_fld

    # 导入视频
    vidcap=cv2.VideoCapture(path)
    exp_fld=folder

    # 错误处理
    try:
        if not os.path.exists(exp_fld):
            os.makedirs(exp_fld)
    except OSError:
        print ('Error: Creating directory of data')
```

```
    Count = 0
    sec = 0
    frameRate = 1 # 视频的秒数

    while(True):
        vidcap.set(cv2.CAP_PROP_POS_MSEC,sec*1000)
        hasFrames,image = vidcap.read()
        sec = sec + frameRate
        sec = round(sec, 2)

        # 导出图像
        if hasFrames:
            name='./' + exp_fld +'/frame'+str(Count) + '.jpg'
            cv2.imwrite(name, image) # 将帧保存为 JPG 文件
            Count +=1
        else:
            break
    return print( "Image Exported" )
```

9.3.4 图像提取

现在，使用先前创建的函数为视频生成图像帧。两个视频做同样的处理。

```
# 设置路径
os.chdir('/content')

# 提取并存储杂货店视频的图像
video_to_image('HD CCTV Camera video 3MP 4MP iProx CCTV HDCCTVCameras.net retail store.
mp4', 'crowd')

# 提取停车场视频的图像
video_to_image('AI Security Camera with IR Night Vision (Bullet IP Camera).mp4', 'movement')

Image Exported
Image Exported
```

9.3.5 数据预处理

现在，快速进行数据预处理。与处理结构化数据相比，处理图像时的准备和清洗工作较为简单。关键步骤是调整图像的大小。原始图像的大小或像素可能各不相同，但模型的训练总需要基于某一特定的大小，因此，需要调整输入图像的大小，以匹配模型的需求。

用于调整图像大小的函数如下：

```
# 调整图像的大小
def img_re_sizing(dnst_mp, image):

    # 归一化
    dnst_mp = 255*dnst_mp/np.max(dnst_mp)
    dnst_mp= dnst_mp[0][0]
    image= image[0]
    # 空图像
    result_img = np.zeros((dnst_mp.shape[0]*2, dnst_mp.shape[1]*2))

    # 对每个图像进行迭代
    for i in range(result_img.shape[0]):
        for j in range(result_img.shape[1]):
            result_img[i][j] = dnst_mp[int(i / 2)][int(j / 2)] / 4
    result_img = result_img.astype(np.uint8, copy=False)

    # 输出
    return result_img
```

现在，完成视频摄取、图像提取和尺寸调整之后，要解决一些应用场景。

首先，为顾客计数并生成热图。我们需要统计这个杂货店内的顾客数量，如图 9-5 所示。

图 9-5 杂货店

商店的收入取决于客流量。显然，顾客越多，商品被购买的可能性就越大。这就是商店想要确认客流量来预测销售额的原因。许多决策都是根据这些信息做出的，比如商店的规模以及如何规划库存等。

9.3.6 确定杂货店中的热点

在商店中，库存商品的陈列非常重要，因为这可以最大限度地增加购买。可以利用商店内的热点来做出这些决策，还可以利用这些信息来识别热门产品。我们可以使用热图的概念来获取这种信息。热图能够生成顾客停留时间最久的区域，这有助于确定那一区域的产品需求。图 9-6 展示了一个示例热图。

图 9-6 热图

我们编写几个函数来生成热图并统计顾客数量。下面的函数将获取图像并生成热图：

```
# 用于获取热图的函数

def generate_dstys_map(o, dsty, cc, image_location):

    # 定义图像
    fgr_im=plt.fgr_imure()

    # 定义大小
    col = 2
```

```
    rws = 1
    X = o

    # 求和
    add = int(np.sum(dsty))
    dsty = image_re_sizing(dsty, o)

    # 加入原始图像和新生成的热图
    for i in range(1, col*rws +1):

        # 生成原始图像
        if i == 1:
            image = X
            fgr_im.add_subplot(rws, col, i)
            # 设置轴
            plt.gca().set_axis_off()
            plt.margins(0,0)
            # 定位器
            plt.gca().xaxis.set_major_locator(plt.NullLocator())
            plt.gca().yaxis.set_major_locator(plt.NullLocator())
            # 调整子图
            plt.subplots_adjust(top = 1, bottom = 0, right = 1, left = 0, hspace = 0, wspace = 0)
            # 显示图像
            plt.imshow(image)

        # 生成密度图像
        if i == 2:
            image = dsty
            fgr_im.add_subplot(rws, col, i)
            # 设置轴
            plt.gca().set_axis_off()
            plt.margins(0,0)
            # 定位器
            plt.gca().xaxis.set_major_locator(plt.NullLocator())
            plt.gca().yaxis.set_major_locator(plt.NullLocator())
            # 调整子图
            plt.subplots_adjust(top = 1, bottom = 0, right = 1, left = 0, hspace = 0, wspace = 0)
            # 添加计数
           plt.text(1, 80, 'M-SegNet* Est: '+str(add)+', Gt:'+str(cc), fontsize=7, weight="bold",
           color = 'w')
            # 显示图像
            plt.imshow(image)#, cmap=CM.jet)
            # 图像名称及位置

image_nm = image_location.split('/')[-1]
```

```
image_nm = image_nm.replace('.jpg', '_heatpmap.png')

        # 保存图像
        plt.savefgr_im(image_location.split(image_nm)[0]+'seg_'+image_nm, transparent=True,
bbox_inches='tight', pad_inches=0.0, dpi=200)
```

以下函数获取图像作为输入并计算人数，此外还将触发刚刚创建的热图生成函数。最后，输出人数、图像密度和密度图：

```
# 用于获取人数的函数
def get_count_people(image):

    # 简单的预处理
    trans = transforms.Compose([transforms.ToTensor(),
    transforms.Normalize([0.485, 0.456, 0.406], [0.229, 0.224, 0.225])
    ])

    # 带有高和宽的样本图像
    img = Image.open(image).convert('RGB')
    height, width = img.size[1], img.size[0]
    height = round(height / 16) * 16
    width = round(width / 16) * 16

    # 重设图像尺寸
    img_den = cv2.resize(np.array(img), (width,height), cv2.INTER_CUBIC)

    # 转换
    img = trans(Image.fromarray(img_den))[None, :]

    # 定义模型
    model = M_SFANet_UCF_QNRF.Model()

    # 加载模型
     model.load_state_dict(torch.load('/content/best_M- SFANet__UCF_QNRF.pth', map_
     location = torch.device('cpu')))

    # 评估模型
    dnst_mp = model(img)

    # 最终计数
    count = torch.sum(dnst_mp).item()
    # 返回计数，密度和图
    return count,img_den,dnst_mp
```

现在，创建完成计数和生成热图的函数。接下来，对从视频中提取的图像使用这些函数。

9.3.7 导入图像

在此之前，先导入图像：

```
# 从路径中获取所有图像
image_location = []
path_sets = ['/content/crowd']

# 加载所有图像
for path in path_sets:
    for img_path in glob.glob(os.path.join(path, '*.jpg')):
        image_location.append(img_path)
image_location[:3]

['/content/crowd/frame91.jpg',
'/content/crowd/frame12.jpg',
'/content/crowd/frame26.jpg']
```

9.3.8 获取人群计数

遍历每一张通过之前创建的函数所导入的图像。最后，把人数和图像 ID 添加到一个 DataFrame 中并将其用作输出：

```
# 获取每张图像的人数

# 定义空列表
list_df = []

# 遍历每一张图像
for i in image_location:
    count, img_den, dnst_mp = get_count_people(i)
    generate_dens_map(img_den, dnst_mp.cpu().detach().numpy(), 0, i)
    list_df = list_df + [[i,count]]

# 使用图像 ID 和人数创建 DataFrame
df = pd.DataFrame(list_df,columns=['image','count'])

# 排序并展示
df.sort_values(['image']).head()
```

图 9-7a 展示了模型的输出结果。

	image	count
78	/content/crowd/frame0.jpg	17.489319
71	/content/crowd/frame1.jpg	17.444080
13	/content/crowd/frame10.jpg	18.288996
65	/content/crowd/frame11.jpg	17.052418
1	/content/crowd/frame12.jpg	18.255342

图 9-7a 输出结果

图中给出了每一帧中顾客数量，使我们对每天有多少顾客进店有了一个概念。接下来对这个预测做一些基本的统计：

```
df.describe()
import seaborn as sns
sns.histplot(data=df['count'])
```

可以从图 9-7b 和图 9-7c 中观察到，平均来说，商店内的顾客总是在 15 名左右。

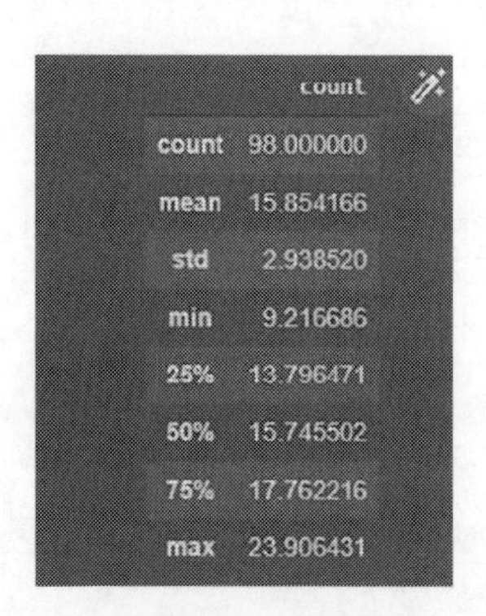

	count
count	98.000000
mean	15.854166
std	2.938520
min	9.216686
25%	13.796471
50%	15.745502
75%	17.762216
max	23.906431

图 9-7b 输出结果

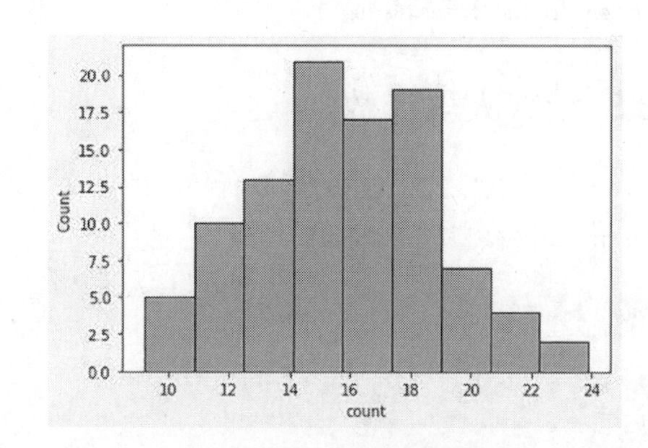

图 9-7c 输出结果

让我们看看生成的热图。图 9-8 和图 9-9 展示了特定时间点的热图。左边是原始图像，右边是热图。白色和黄色的区块表示了该特定区域内的客户密度。利用这些信息，即可轻松找出商店中的热点区域。

图 9-8 原始图像和热图

图 9-9 原始图像和热图

关于人群计数和密度图，就先说到这里。在下一个场景中，让我们看看如何使用同样的概念来执行安保和监控。

9.3.9 安保与监控

如今，安保已经成为一个广受关注的问题。视频监控系统已经有了一段较长的历史，但它的实施方式正在发生变化。它有很多自动化的空间。有了 AI 的帮助，这个可能正在成为现实，参见图 9-10。

图 9-10 人工监控

我们可以通过视频处理技术来分析限制区域或敏感区域中是否有人在活动。如此一来，工作人员就不需要 24 小时不间断地盯着监控录像了。如果监控到任何活动，系统就会向安保人员发出警报。

模型可以训练来预测可能发生的不良事件。使用这类软件来持续进行事件监控，不仅可以节省很多工时，还可以降低安全风险。

现在，让我们看一下之前上传的第二个视频并监测其中的活动：

```
# 从路径中获取所有图像
image_location = []
path_sets = ['/content/movement']

# 加载停车场视频的所有图像
for path in path_sets:
    for img_path in glob.glob(os.path.join(path, '*.jpg')):
        image_location.append(img_path)

image_location[:3]

# 通过图像获取人数
list_df = []
```

现在，所有的图像都已经加载完。下一步，我们将遍历每一张图像，看看禁止入内的区域中是否有人。

我们把这种人类活动记录在 DataFrame 的新的一列中并命名为 movement：

```
# 检查视频中每一帧是否出现了移动
for i in image_location :
    count, img_den, dnst_mp = get_count_people(i)
    generate_dens_map(img_den, dnst_mp.cpu().detach().numpy(), 0, i)
    list_df = list_df + [[i,count]]

# 将数据保存到 DataFrame 中
detected_df = pd.DataFrame(list_df,columns=['image','count'])
detected_df['movement'] = np.where(detected_df['count'] > 3 ,'yes','no')
detected_df.filter(items = [45,56,53], axis=0)
```

图 9-11 展示了输出结果。我们可以观察到，frame33 在 movement 列中的值为 yes，这意味着在那个特定的时刻，有人出现了。

	image	count	movement
45	/content/movement/frame31.jpg	2.973071	no
56	/content/movement/frame46.jpg	2.144534	no
53	/content/movement/frame33.jpg	3.724376	yes

图 9-11 输出结果

一旦 movement 变量变为 yes，我们就可以提醒系统向相关管理部门发出警报。接下来，让我们看看观察到人类活动又如何：

```
# 打印移动 = 'yes' 的图像
image = '/content/movement/frame25.jpg'
Image.open(image)

image = '/content/movement/frame27.jpg'
Image.open(image)
```

图 9-12 和图 9-13 展示了有人的图像帧，并且此人的移动被成功检测出来。在下一节中，我们将探索如何在样本视频中检测年龄 / 性别。

图 9-12 输出结果

图 9-13 输出结果

9.3.10 确定人口统计学特征（年龄和性别）

大多数市场营销活动是根据目标客户的人口统计学特征而展开的。如果能从商店的实时视频中确定年龄和性别，我们就可以利用这些信息进行有针对性的市场营销活动。

让我们尝试使用之前提取出来的图像来检测年龄和性别。

```
# 导入函数
face_detector = FaceDetector()
age_gender_detector = AgeGenderEstimator()

# 读取图像
img = '/content/movement/frame0.jpg'
image = cv2.imread(img, cv2.IMREAD_UNCHANGED)
Image.open(img)
```

图 9-14 展示了被用于检测性别和年龄的样本图像。

```
# 检查性别
faces, boxes, scores, landmarks = face_detector.detect_align(image)
genders, ages = age_gender_detector.detect(faces)
print(genders, ages)
['Male'] [32]
```

图 9-14 输入图像

模型预测了这张图像中的人的年龄和性别：

- 年龄为 32
- 性别为男

9.4 小结

本章中，探索了视频分析的各种使用场景并选择实现了其中的四个。我们讨论了解决方案以及用于实现解决方案的库。

很关键的一点是将视频转化为图像，然后对它们执行传统的图像处理。我们遇到的一个主要挑战是，视频会生成大量图像，因而需要大量的时间和资源来处理它们。在很多情况下，所有的步骤都需要实时进行，以便充分利用预测。

我们讨论了一些基本的应用场景，但除了这些，还有大量场景等待我们去探索、学习和实施。同时，也有许多技术挑战亟待解决，这些挑战目前还处于研究阶段。既然已经学习并构建了一些适用于不同应用的计算机视觉模型，那么下一章我们将深入研究计算机视觉模型的输出，并探讨针对计算机视觉的可解释 AI。

第 10 章

计算机视觉的可解释 AI

大多数机器学习和深度学习模型都缺乏解释和解读结果的方法。深度学习模型的动态性以及各种最先进的模型的不断增加，因而当前的模型评估主要基于准确率得分。这使得机器学习和深度学习成为了黑盒模型 (black-box model)。这导致了人们对模型的应用缺乏信心以及对模型生成的结果缺乏信任。目前，有多种库可以帮助我们解释 SHAP 和 LIME 这样的结构化数据模型。本章将解释计算机视觉模型的输出。

以下是近年来为计算机视觉提出的一些白盒 (white-box) 算法：

- CAM(类别激活热力图)①
- Grad-CAM(梯度加权类激活映射图)
- Grad-CAM++
- 逐层相关性传播 (layer-wise relevance propagation，LRP)
- SmoothGRAD(基于梯度的平滑梯度法)
- RISE
- 神经支持决策树 (neural-backed decision trees，NBDT)

本章将着重讨论 Grad-CAM、Grad-CAM++ 和 NBDT。在进入实现部分之前，先将深入了解这几个概念。

① 译注：全称为 Class Activation Mapping，也称类别激活映射图、显著性图，是一张与原始图片大小等同的图，图上每个位置的像素取值范围从 0 到 1，一般用 0 到 255 的灰度图表示。

10.1 Grad-CAM

类别激活热力图 (class activation map，CAM) 是一种提取热图的技术，这些热图突出显示了影响结果的空间信息。CAM 的架构如图 10-1a 和图 10-1b 所示。

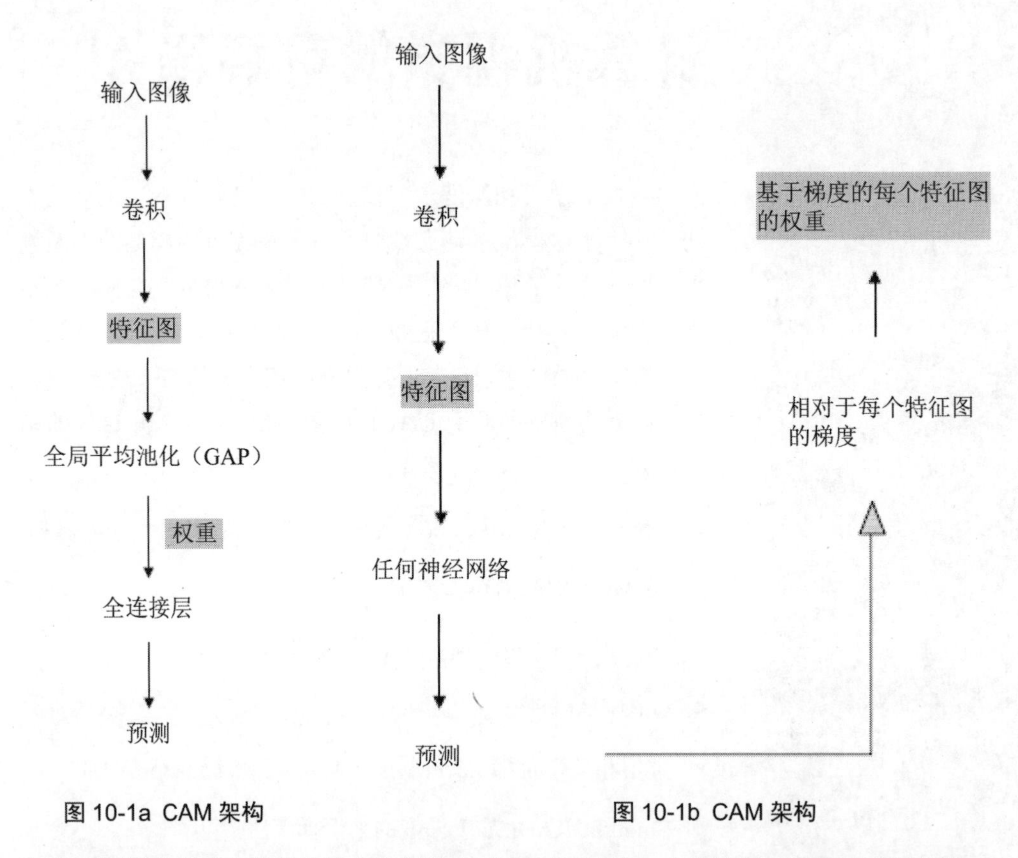

图 10-1a CAM 架构

图 10-1b CAM 架构

生成的特征图通过全局平均池化来提取权重。权重被传入全连接层，以输出分类结果。

在架构中高亮标出的部分，也就是特征图和权重，用于生成预测类别的热图：

$$特征图的加权和 = \Sigma k\,(\mathrm{w}k * \mathrm{A}k^{\mathrm{class}})$$

其中，k 代表来自最后一个卷积层的特征图。

Grad-CAM 与 CAM 在生成特征图这一步是类似的。在这个步骤之后，我们可以添加任何可微分的神经网络 (如 VGG 和 ResNet 等)，从而获取梯度信息。根据预测结果，计算出与每个特征图相对应的梯度。使用全局平均池化在特征图的宽度和深度维度 (i, j) 上计算梯度，得到每个特征图的神经元权重 (即 α 值 / 权重)。图 10-1b 显示了 Grad-CAM 的架构。高亮标出的组件相乘，以生成热图。

10.2 Grad-CAM++

Grad-CAM++ 与 Grad-CAM 算法类似，但在反向传播步骤中有所不同。简单来说，Grad-CAM 在反向传播过程中使用的是一阶梯度。而 Grad-CAM++ 使用的是二阶梯度，这使得它的过程更为精细。

在 Grad-CAM 中，与具有丰富空间信息的特征图相比，那些包含较少空间信息的特征图在最终生成的热力图中并未被赋予足够的权。包含多个目标或单个目标的图像无法在热图中被检测到，导致准确率和可解释性降低。

通过为最终的热图中的所有特征图赋予权，Grad-CAM++ 解决了这个问题。图 10-2 展示了 Grad-CAM++ 的架构。

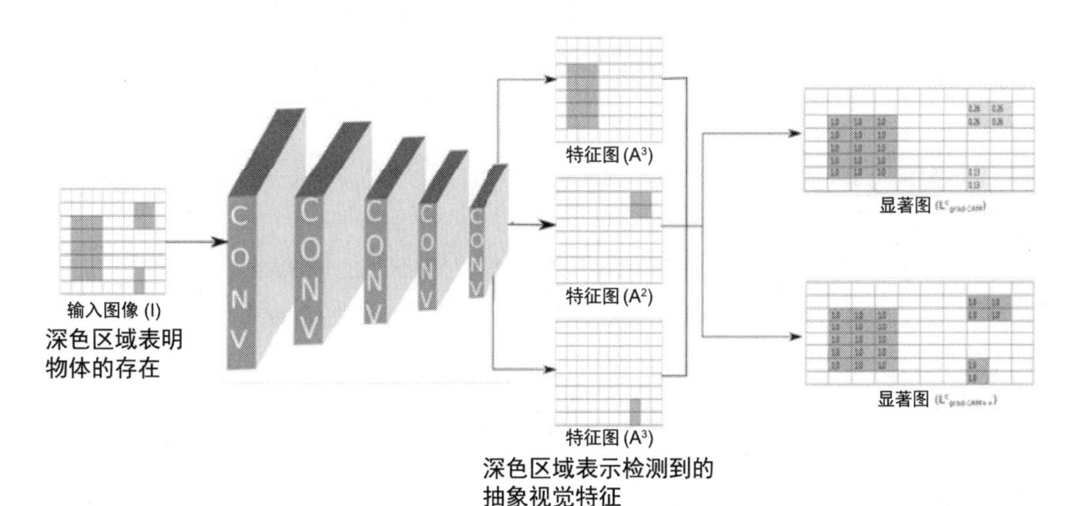

图 10-2 Grad-CAM++ 架构

图 10-3 展示了 Grad-CAM 和 Grad-CAM++ 的结果差异。

图 10-3 Grad-CAM 和 Grad-CAM++ 的结果

10.3 NBDT

NBDT 代表神经支持决策树。许多算法都是为模型可解释性 (explainability) 而开发的，结果的可解读性 (interpretability) 的概念往往会被忽视。

- 可解释性：理解模型的内部机制，即模型内部是如何运作的。
- 可解读性：理解结果的因果关系，即特定结果是基于何种原理生成的。

决策树是白盒模型，因为它能让人们轻松理解节点是如何分割的，这使得决策树具有可解释性。同时，人们也很容易看出输入变化对预测输出的影响，这使得决策树具有可解读性。然而，与深度学习模型相比，决策树的一个缺点是其模型准确率较低。神经支持决策树 (NBDT) 内置了决策树 (用于可解释性和可解读性) 和神经网络 (用于准确率) 的组合。图 10-4 显示了 NBDT 的工作流程。

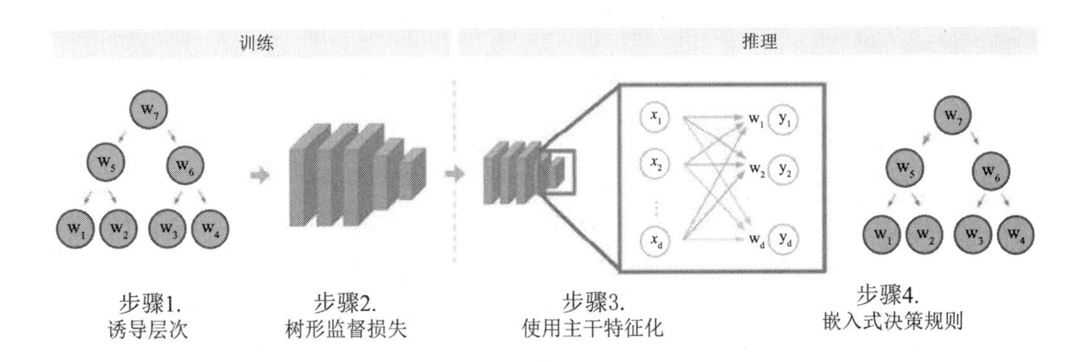

图 10-4 NBDT 流程

步骤 1

首先，训练一个用于图像分类的卷积神经网络模型。提取每个类别预测的权重 (w_1，w_2，……)，其中 w_1 代表用于预测类别 1 的隐藏权重向量。最近的向量 (也被称为“叶节点”) 被聚类形成中间节点 (intermediate Node)。这些中间节点聚类，直到达到根节点。这种层次结构称为“诱导层次结构”(induced hierarchy)。此后，我们将神经网络转换为决策树。中间节点的名称是基于 WordNet 模块得出的 (例如，dog 和 cat 是叶节点。一个中间节点可能是 animal，这是从 WordNet 中提取的)。

步骤 2

计算分类损失并对模型进行微调。分类损失可以使用下面两种模式进行计算：

- 硬模式 (hard mode)
- 软模式 (soft mode)

这两种模式的区别如图 10-5 所示。

硬模式或软模式的损失与从 CNN 模型得到的原始损失相加，得到最终的总损失。

总损失 = 原始损失 + 硬模式或软模式的损失

步骤 3 和 4

根据计算出的最终损失，对模型进行微调，并更新决策树 (层次结构)。

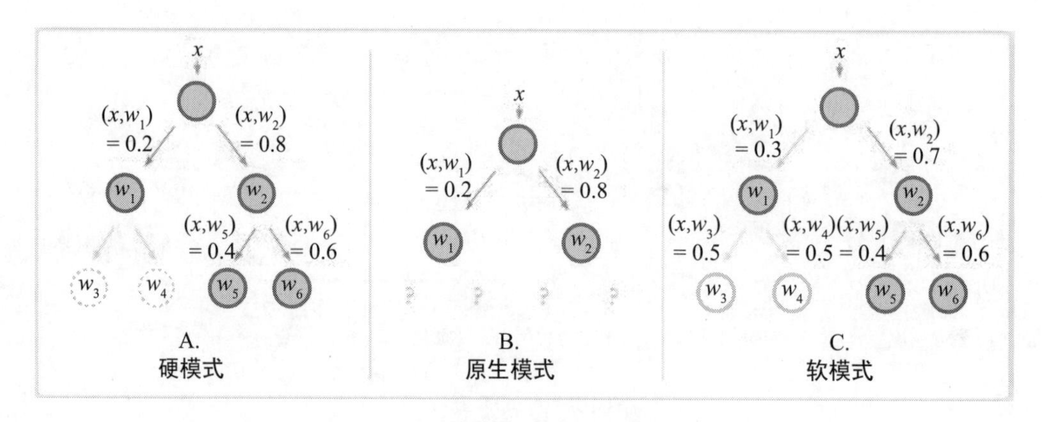

图 10-5 硬模式与软模式的区别

10.4 Grad-CAM 和 Grad-CAM++ 的实现

首先，讨论在单个图像上的 Grad-CAM 和 Grad-CAM++ 实现，然后讨论单个图像上的 NBDT 实现。

10.4.1 在单个图像上的 Grad-CAM 和 Grad-CAM++ 实现

对输入进行图像转换，参见图 10-6。

图 10-6 对输入图像进行转换

转换过程包括下面几个步骤。

步骤 1：调整图像的大小。使用 PyTorch 将调整大小后的图像转换为张量，以便更快地进行计算。对图像进行归一化，以加快训练过程中的收敛速度。参见图 10-7 和图 10-8。

```
# 转换输入图像——在传递给模型之前调整大小
resized_torch_img = transforms.Compose([transforms.Resize((224, 224)),transforms.
ToTensor()])(pil_img).to(device)

# 图像归一化
normalized_torch_img = transforms.Normalize([0.485, 0.456, 0.406], [0.229, 0.224, 0.225])
(resized_torch_img)[None]
```

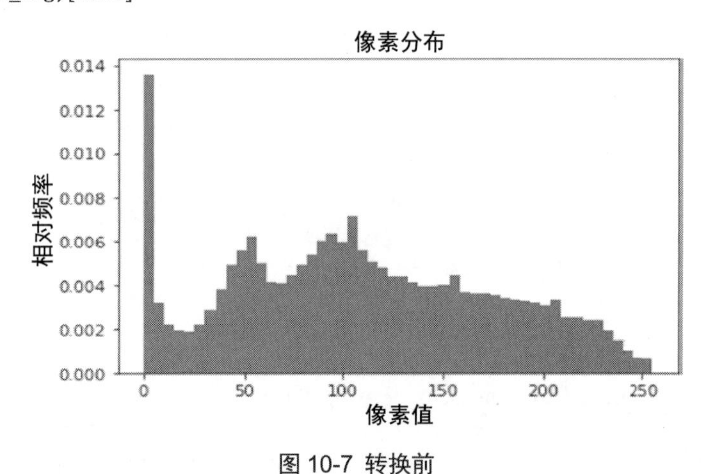

图 10-7 转换前

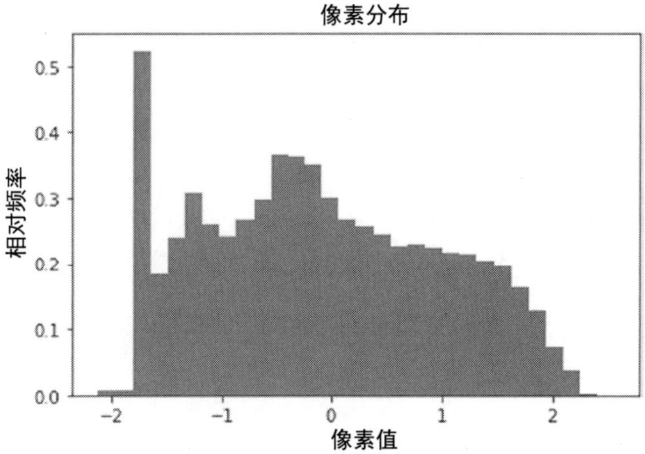

图 10-8 转换后

步骤 2：加载神经网络架构（在当前情况下，加载的是预训练的权重）。以下预训练模型用于测试以比较其结果：

- AlexNet
- VGG16
- ResNet101
- DenseNet161
- SqueezeNet

```
# pytorch-gradcam 库支持的架构
model_alexnet = models.alexnet(pretrained=True)
model_vgg = models.vgg16(pretrained=True)
model_resnet = models.resnet101(pretrained=True)
model_densenet = models.densenet161(pretrained=True)
model_squeezenet = models.squeezenet1_1(pretrained=True)
```

步骤 3：在神经网络中选择反馈层进行梯度的反向传播。选择适合用于反向传播梯度的层：

```
# 将模型及其对应的用于计算梯度的层级作为字典项进行存储
loaded_configs = [
   dict(model_type='alexnet', arch=model_alexnet, layer_name='features_11'),
   dict(model_type='vgg', arch=model_vgg, layer_name='features_29'),
   dict(model_type='resnet', arch=model_resnet, layer_name='layer4'),
   dict(model_type='densenet', arch=model_densenet, layer_name='features_norm5'),
   dict(model_type='squeezenet', arch=model_squeezenet, layer_name='features_12_expand3×3_activation')]
```

步骤 4：加载 Grad-CAM 和 Grad-CAM++ 模型。这两个模型都从 pytorch-gradcam 库中加载：

```
# 将配置加载到 "Grad CAM" 和 "Grad CAM ++"
# 这个库中，只有 "Grad CAM" 和 "Grad CAM ++" 可用
for model_config in loaded_configs:
model_config['arch'].to(device).eval()

# 保存所有可用架构 (loaded_configs) 的 "Grad CAM" 和 "Grad CAM ++" 实例
cams = [[cls.from_config(**model_config) for cls in (GradCAM, GradCAMpp)] for model_config
in loaded_configs]
```

步骤 5：传递转换后的输入图像并生成热图。将转换后的图像输入到两个模型中，并以热图的形式生成结果。这些热图将突出显示图像中的关键区域：

```
# 将归一化的图像加载到每个架构下的 "gradcam, gradcam ++" 函数中，以生成热图和结果
images = []
for gradcam, gradcam_pp in cams:
    mask, _ = gradcam(normalized_torch_img)
    heatmap, result = visualize_cam(mask, resized_torch_img)
    mask_pp, _ = gradcam_pp(normalized_torch_img)
    heatmap_pp, result_pp = visualize_cam(mask_pp, resized_torch_img)
    images.extend([resized_torch_img.cpu(),result,result_pp])

# 将原始图像，gradcam 的结果，gradcam++ 的结果进行网格化
grid_image = make_grid(images, nrow=3)
```

步骤 6： 将输入图像和热图合并，以便可视化被选中用于分类的重要特征。将输出张量转换为 Python 可读的图像，以可视化结果。以下输出是使用 DenseNet 预训练权重生成的：

```
输入图像 >> 来自 Grad-CAM 的输出 >> 来自 Grad-CAM++ 的输出
```

图 10-9 输出

10.4.2 在单个图像上的 NBDT 实现

具体步骤如下。

步骤 1： 对输入图像进行图像转换，类似于 Grad-CAM：

```
# 用于加载图像并进行图像变换的函数（缩放，居中裁剪，转化为张量，归一化）
def load_image():
    assert len(sys.argv) > 1
    im = load_image_from_path("image_path")
    transform = transforms.Compose([
      transforms.Resize(32),
      transforms.CenterCrop(32),
      transforms.ToTensor(),
```

```
        transforms.Normalize((0.4914, 0.4822, 0.4465), (0.2023, 0.1994, 0.2010)),
    ])
    x = transform(im)[None]
    return x
```

步骤 2：加载带有预训练模型的 NBDT 模型。为了找到模型的层次结构，这里使用了 wordnet 库：

```
# 用于加载带预训练权重的 NBDT 模型的函数
def load_model():
    model = wrn28_10_cifar10()
    model = HardNBDT(
        pretrained=True,
        dataset='CIFAR10',
        arch='wrn28_10_cifar10',
        model=model)
    return model
```

步骤 3：用 HardNBDT 模型预测输出。将预测结果和层次结构转换为已知类别：

```
# 用于输出分类结果和层次结构的函数
def hierarchy_output(outputs, decisions):
    _, predicted = outputs.max(1)
    predicted_class = DATASET_TO_CLASSES['CIFAR10'][predicted[0]]
    print('Predicted Class:', predicted_class,
          '\n\nHierarchy:',
          ', '.join(['\n{} ({:.2f}%)'.format(info['name'], info['prob'] * 100)
                     for info in decisions[0]][1:]))
```

步骤 4：从决策树中输出预测的类别和层次结构：

```
def main():
    model = load_model()
    x = load_image()
    outputs, decisions = model.forward_with_decisions(x)
    hierarchy_output(outputs, decisions)

if __name__ == '__main__':
    main()
```

结果如下：

```
Predicted Class: horse

Hierarchy:
```

```
animal (99.52%),
ungulate (98.52%),
horse (99.71%)
```

10.5 小结

在未来，可解释性将是至关重要的关键，因为大家都想了解幕后到底发生了什么。对于业务领导来说，如果无法理解 AI 模型的工作方式，就会持有怀疑态度。如果无法解释结果，则说明 AI 解决方案不完整，计算机视觉也不例外。

在本章中，从这一点出发，探讨了各种用于解释性的库，学习了 CAM、Grad-CAM 和 Grad-CAM++ 的概念。同时，使用预训练模型和预测实现了可解释性。本章只是对可解释性做一个简单的介绍，其他还有很多内容有待我们去学习和实现。